UNREAD

"中科院物理所"
趣味科普专栏

［第2辑］

中科院物理所———编

天津出版传媒集团
天津科学技术出版社

图书在版编目（CIP）数据

1分钟物理："中科院物理所"趣味科普专栏. 第2
辑 / 中科院物理所编. -- 天津：天津科学技术出版社，
2020.4（2024.7重印）
ISBN 978-7-5576-7429-8

Ⅰ. ①1… Ⅱ. ①中… Ⅲ. ①物理学 – 普及读物
Ⅳ. ①O4-49

中国版本图书馆CIP数据核字(2020)第039559号

1分钟物理："中科院物理所"趣味科普专栏. 第2辑
YIFENZHONG WULI: "ZHONGKEYUAN WULISUO"
QUWEI KEPU ZHUANLAN DIERJI

选题策划：联合天际·边建强
责任编辑：刘　颖　布亚楠

出　　　版：天津出版传媒集团
　　　　　　天津科学技术出版社
地　　　址：天津市西康路35号
邮　　　编：300051
电　　　话：（022）23332695
网　　　址：www.tjkjcbs.com.cn
发　　　行：未读（天津）文化传媒有限公司
印　　　刷：大厂回族自治县德诚印务有限公司

关注未读好书

客服咨询

开本 710×1000　1/16　印张13.5　字数160 000
2024年7月第1版第14次印刷
定价：55.00元

编委会

推荐序

还记得你是什么时候接触到"物理"这个词的吗？又是什么契机引发了你对科学的兴趣？你是否经常在家里、在课堂上、在旅途中、在阅读时……突然发出对某个现象的疑问呢？在产生这些疑问时，你都找人提问或自己找到答案了吗？

2019年3月，《1分钟物理："中科院物理所"趣味科普专栏［第1辑］》面世，书里面238则有知识、有趣味、有启发的科普问答，就是从成千上万个网友的提问中生发出来的。书出版后，很快受到了广大读者朋友的喜爱和推崇。在科学普及成为实现国家创新发展重要之翼的今天，科普工作者在感叹社会公众对汲取科学知识有着浓厚兴趣的同时，也意识到科学传播工作任重道远。怎样以最通俗的方法讲述最严谨的科学，点燃民众对自然科学的学习热情，是我们一直在探寻的科普之道。

同样在2019年，中科院物理所微信公众号创办后的第五个年头，粉丝数突破了百万，承载着创作的喜悦和大家的期待，人气"问答"专栏迎来了第200期。在继续为大家凝练精华的同时，时隔一年，《1分钟物理［第2辑］》也"如约而至"。相信读过第1辑的读者对丛书的内容特点和设计风格已经有所了解，为了更好地兼顾科学性和趣味性，第2辑将所有问题归纳为十大类：力学篇、声学篇、光学篇、电学篇、热学篇、杂学篇、自然现象篇、脑洞篇、宇宙篇和学习篇。新的一辑希望能以更细致、更准确的分类，让读者更快锁定想要了解的物理学知识。

在这一年"问答"专栏收到的问题中，我们欣喜地发现，越来越多的粉丝从生活的点滴中捕捉物理学的奥秘："为什么湿衣服不好脱下来？""手机是如何测剩余电量的？"当然也有在脑洞世界里的各种思考："人类若同步同向走路，能否扰乱地球的自转？""能用水浇灭太阳吗？"每每看到这些妙趣横生的问题，我就忍不住拍手叫好，这些看似"不着边际"的问题，背后往往蕴含着深刻的科学知识，值得我们去思考去解答。在这些问题当中，很可能就有你一直"憋在心里口难开"的疑问。

人类对未知无穷尽的探索附加了科学神秘的标签，生活中无处不在的奇妙现象又揭示出真理就在身边。中科院物理所播撒的科学种子之所以能够发芽生长，是因为既立足于融媒体时代多平台、多形式的传播手段，也有赖于背后有这样一群科学知识的"播种者"——热衷于科学传播工作的科学家和研究生们，是他们将严肃的自然科学讲述得如此生动可爱。在这里，我要对包括本书的参与者在内的所有科普工作者们为科学传播工作的倾情付出表示感谢，同时诚挚地向读者推荐《1分钟物理》系列科普读物，希望大家通过阅读本书，在探究自然奥秘的过程中增进对物理科学新的认识，感受宇宙万物的无穷魅力。

2020年3月于北京

（序言作者系中国科学院院士、材料物理学家）

目录

力学篇

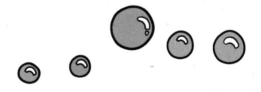

01. 抽水机是怎么把水抽上来的？

抽水机这个东西，种类较多，所用的原理也不尽相同。不过市面上较流行的两类抽水机，活塞式抽水机和离心泵，均是利用大气压强抽水的。

利用大气压强抽水，在日常生活中比比皆是。我们用吸管吸食饮料时，就是将吸管中的大部分空气吸走，使吸管内压强降低，饮料在外面压强的作用下顺着吸管流到我们嘴里。

活塞式抽水机和离心泵，虽然它们在技术细节方面大相径庭，但其抽水的物理原理都是利用了大气压强。活塞式抽水机结构简单，其吸水管道中有一个活塞，活塞与管道中均有阀门（如下图）。活塞向下运动时，活塞上阀门打开，管道中阀门关闭，水流到活塞之上；活塞向上运动时，活塞上阀门关闭，活塞向上运动将水提起，同时管道内压强降低，水池中的水（或地下水）在大气压强的作用下顶开管道中的活塞，进入管道。早期的抽水机大多为活塞式。

离心泵是用螺旋扇叶代替活塞，依靠扇叶将水"甩出"，造成管道内压强降低，使水沿管道运动的。现在市面上见到的大多是这种离心泵。

这两种抽水机在工作前都需将抽水管道中灌满水，以便形成更优良的密封环境。

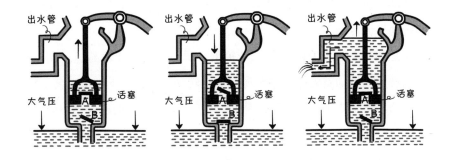

02.千斤顶是什么原理，为什么只需轻轻用力就可以顶起很重的物体?

千斤顶分为机械千斤顶和液压千斤顶等，它们的原理有所不同。从原理上来说，液压传动的最基本原理就是帕斯卡定律，也就是说，液体各处的压强增量是一致的。液压千斤顶可以看作一个连通器，两边各有一个大小不同的活塞。在平衡的系统中，比较小的活塞上面液体施加的压力比较小，而大的活塞上面液体施加的压力比较大，这样能够保持液体的静止。所以通过液体的传递，加在大小活塞上的压力大小不同，从而达到压力变换的目的。人们常见到的液压千斤顶就是利用了这个原理来达到力的传递的。

螺旋千斤顶又称机械千斤顶，使用时由人力往复扳动手柄，棘爪即推动棘轮间隙回转，小伞齿轮带动大伞齿轮，使举重螺杆旋转，从而使升降套筒起升或下降，最终实现起重的功能，但不如液压千斤顶简易。

◆ ◆ ◆

03.为什么高速转动的机械经常会产生振动?

我们拿最简单的车轮来举例说明。在车轮高速转动的过程中，车轮上的各个质点都在运动，轮子的质心是受这些质点的运动影响的，如果可以通过精准的制造工艺确保车轮的质心刚好落在转轴上，那么，不论车轮转动多快，它的质心始终是不动的（毕竟转轴不动嘛）。这样就能保证车轮稳定地转动。

但是如果质心没有刚好落在转轴上，质心就会绕转轴高速运动，质心的这种圆周运动就是振动的来源。高速转动的机械由于制造工艺不精、零件松动、高速转动中形变等原因往往不能使转动部分的质心始终处于转轴上，这样就会产生振动。在实际操作中，我们总是想尽办法消除这种振动，然而，有时候我们也会利用这种振动：手机振动就是这样一个例子，它就是使用偏心轮（质心不在转轴上的轮）来实现"嗡嗡"振动的。

04. 饮料瓶拧上瓶盖后是如何防止漏水的，只是单纯地紧密贴合吗？相比之下带胶圈的水杯呢？瓶盖处的受力怎么分析？

瓶盖的结构主要由螺纹、密封圈、侧封环组成（有些瓶盖在密封圈和侧封环之间还会加一个顶封环）。在瓶盖拧紧后，瓶口会牢牢顶住瓶盖，并卡在密封圈与侧封环之间，密封圈伸进了瓶口，增加了密封面积。如果我们纵向剖开一个瓶盖就可以看到，密封圈延伸出去部分的半径要大于底部半径，并且末端还带有一定弧度，这使得密封圈更好地与瓶口内沿接触，达到密封的效果。侧封环与瓶口外沿紧密接触，阻挡了瓶外物质向瓶内的渗入。橡胶圈具有一定的弹性，在和瓶口接触后可以实现软密封，因此一般带有橡胶圈的容器密封效果会更好。瓶盖的内螺纹和瓶口的外螺纹接触挤压，其主要作用在于产生摩擦力矩，使瓶口牢牢顶住瓶盖而不会轻易松动。

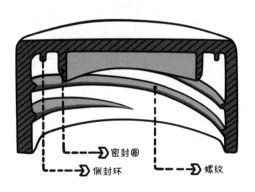

瓶盖剖透视

密封圈
侧封环
螺纹

● ● ●

05. 吸管可以穿透土豆吗？

在生活中你一定遇到过因为吸管被扎弯而喝不到饮料的状况。有人还因此提出了使用吸管的诀窍：一定要趁着饮料不注意突然扎下去，这样才能让包装纸来不及反应。这种方法显然有很多玩笑的成分在里面。

归根到底，吸管容易弯折是由它薄弱的管壁和中空的结构造成的。如果我告诉你我可以用一根普通的吸管穿透一个生土豆，你会不会觉得不可思议？当然这个操作是有诀窍的，我需要用我的拇指堵住吸管的一端，然后将另一端用力地扎向土豆。这时吸管好像突然变得结实了很多，土豆被吸管直接穿透。吸管变得结实的原因是，当吸管插入土豆一部分之后，手指和进入吸管内部的土豆将吸管的两头封堵，吸管内部的空气被限制在内部不能排出，随着进入吸管的土豆越来越多，空气逐渐被压缩。压缩空气相比外部的空气具有更大的压强，它还可以对吸管壁起支撑作用，所以吸管就变得不易弯折，穿透土豆也就变成顺理成章的事了。

你可能会问，为什么压缩空气的压强更大呢？我们可以做一个小实验来感受一下：你只需要一个小小的针筒就可以完成这个实验（一定要把针头去掉）。用你的手指堵住针筒的一端，然后去按压针筒的芯杆，是不是感觉有东西在抵抗你往下按，而且越往下按越费力？这就是针筒中的压缩空气在起作用。在这个小实验中，我们还可以知道空气被压缩得越厉害，它的压强就越大。

06. 回旋镖是如何飞行和折回的?

说起回旋镖, 从形状上来说, 有没有觉得它和飞机的机翼有异曲同工之处, 假如把飞机的机身去掉, 只留下两个机翼, 拼起来是不是就像一个回旋镖?

假如把回旋镖看作一个简单的倾斜面, 那么根据牛顿第三定律, 当你把它甩出去时, 它会使空气向下偏转, 从而使飞镖向上偏转。而飞机与回旋镖类似, 只是其推力来源于其发动机。

我们知道空气速度的增加会导致静态压力的减小(流体系统中的伯努利定律), 如下图所示, 回旋镖受力向图的左侧飞行, 此时它的转动方向为逆时针, 当空气穿过回旋镖时, 空气会在另一侧相遇, 所以它的速度会加快。由于顶部(A)相对空气的移动速度比底部(B)的空气移动速度快, 从而产生了一个力矩, 这个力矩会改变回旋镖旋转的角动量的方向(也就是回旋方向的轴向), 这一机制称为陀螺式的进动过程, 直接导致了飞镖折回的现象。

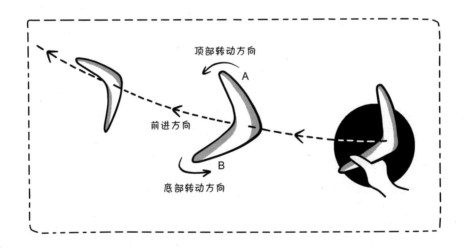

07.汽车发动机的工作原理是什么?

汽车发动机是一种能量转换设备,它将燃料燃烧产生的热能转变成机械能。要完成这个能量转换必须经过进气:首先把可燃混合气(或新鲜空气)引入汽缸;其次将进入汽缸的可燃混合气(或新鲜空气)压缩,压缩接近终点时点燃可燃混合气(或将燃油高压喷入汽缸内形成可燃混合气并引燃);可燃混合气着火燃烧,膨胀推动活塞下行实现对外做功;最后排出燃烧后的废气。简单来说,就是进气、压缩、做功、排气四个过程。我们把这四个过程叫作发动机的一个工作循环,工作循环不断地重复,就实现了能量转换,使发动机能够连续运转。

◆ ◆ ◆

08.为什么跑步的时候要摆臂?

先放答案:主要是为了平衡。这个问题实际上科学家还没有完全搞清楚,虽有论文发表但是没有定论。比较公认的说法是为了平衡腿在前进过程中产生的角动量。什么是角动量呢?你可以理解为一个让描述物体保持旋转的惯性的量(就像动量是描述让物体保持运动的一个量),如陀螺在旋转的时候如果没有外力矩的作用,角动量是不变的。跑步摆臂与走路摆臂的原理类似,这里以走路为例。

人体在前进的时候,地面对人的摩擦力给人体一个力矩,产生一个角动量。与陀螺类似,如果没有外力矩的作用,人体就会以这个方式旋转下去,这会使人摔倒。为了不摔倒,人体的上肢会做一个相反的运动来产生相反的角动量以抵消腿部产生的角动量。

另一个对这个问题的解释是从能量角度出发的。密歇根大学的科学家发表了一篇文章比较了四种走路方式人体所消耗的能量:正常走路、把双臂绑起来走路、保持双臂背后走路和顺拐走路。他们发现正常走路消耗的能量最低,比双臂绑起来走路和保持双臂背后走路少12%,比顺拐走路少26%！虽然把双臂绑起来走路减少了摆臂所需的能量，但比正常走路要多消耗能量。这是因为摆臂减少了腿部推动身体前进所要消耗的能量，当你移动腿的时候，身体也会跟着移动，但是上肢的移动减少了身体移动所需要花费的能量，所以要比完全不摆臂消耗更少的能量。但是这并不意味着你可以通过顺拐减肥，科学家发现不按照正常模式走路可能会对脊柱有害，所以还是乖乖运动吧。

◆ ◆ ◆

09.为什么人手拿着重物不动也会消耗能量，这并没有做功啊？

虽然物体没有运动，但人并不是没有产生能量消耗，只是人没有对物体做功而已。

人为了维持拿着重物这一状态，需要肌肉保持一定的收缩、张弛，虽然肉眼不能直接看到肢体的弯曲，但其实肌肉还是变化了的。而这就需要消耗能量。

◆ ◆ ◆

10.走路时摩擦力是如何做功的？

摩擦力分为两种，一种是滑动摩擦力；另一种是静摩擦力。如果在接触面上没有产生相对滑动，那么便没有滑动摩擦力的产生，而只有静摩擦力。力在力的方向上产生了位移便会做功，即功＝力×位移，如果没有发生位移，那么这个力便没有做功。人在走路的时候，脚并没有和地面之间发生相对滑动，因此没有产生滑动摩擦力，只有静摩擦力，但静摩擦力并不做功。

那么人前进的时候是什么力在做功呢？答案是你的肌肉。人在前进时，后脚是斜向后蹬的，由于脚受到摩擦力与地面的支持力，所以会产生反作用力传递到躯体，这个斜向前的力做正功才使得躯体向前运动。

静摩擦力虽然不做功，但是它为肌肉做功提供了条件，即它是机械能传递的媒介。肌肉收缩带动肢体运动的能量来源于体内ATP（三磷酸腺苷）释放产生的化学能。

◆ ◆ ◆

11.摩擦力与接触面积无关，但为什么踮起脚尖身体旋转起来更轻松？

我们一般是这样旋转的：扭动身体，准备发力，在发力的一瞬间抬起一只脚，身体便转动了起来。因此，当我们一只脚离地开始转动的时候，实际上肢体便不会再做功了。这便是给定了初动能，在摩擦力做负功的情况下的转动问题。理想的情况是我们的动能全部转化为摩擦力的热能，停止转动。虽然动摩擦力的大小与接触面积无关，即

$$f=umg$$

但我们脚与地面的接触面积变化会影响摩擦力的做功。脚在地面上摩擦转动，越靠近转动中心，圆周运动的半径越小，此时摩擦力做功的路径便越短。为了简单地说明问题，我们用一个简化的模型，假设脚与地面的接触面是一个半径为 R 的圆，则单位面积的摩擦力为

$$f/\pi R^2$$

那么当转动的角度为 θ 时，摩擦力做的功为

$$W = \iint_s \frac{f}{\pi R^2}\, r\theta \mathrm{d}S = \frac{2fR\theta}{3}$$

因此，接触面积越小，转动的时候摩擦力做功的速率就越慢，也就是说我们的动能被摩擦力消耗的速率越慢，故而速率减缓的速度变慢，也就会感觉转动更加轻松了。

12.洗衣机的工作原理是什么呢？

常见的洗衣机有两种：波轮式洗衣机和滚筒式洗衣机。

波轮式洗衣机：在洗衣桶的底部中心处装有一个带凸筋的波轮，波轮旋转时，洗涤液在桶内形成螺旋状水流，从而带动衣物旋转翻动而达到洗涤的目的。

滚筒式洗衣机：滚筒式洗衣机为套桶装置，内桶为圆柱形卧置的滚筒，筒内有3～4条凸棱，当滚筒绕轴心旋转时，衣物就会被带动翻滚，并循环反复地摔落在洗涤液中，从而达到洗涤的目的。

两者的共同点都是利用机械设计让衣物和水产生振动，利用振动将衣物上的污渍更多更快地扩散到水中，水会将污渍带走起到清洁衣物的作用。洗涤剂的作用则是和污渍发生反应，使污渍可以更容易被水带走。

◆ ◆ ◆

13.气球为什么飞不到外太空？

气球里边的气体不仅要抵抗大气压，还要抵抗气球的弹力，随着高度的上升，大气中的气体逐渐变得稀薄起来，气压会降低，那么气球内外在地面上达到的压力平衡在高空中就平衡不了了，为了平衡，气球就必须膨胀以降低内部的气压，而膨胀到一定程度就爆炸了。

如果气球的材质能逆天呢？

这个气球一路披荆斩棘，穿过了对流层、平流层、中间层，不惧电离层的各种摧残，对越发变强的紫外线视若等闲，对散逸层千度的高温一笑而过……

在考虑这些之前，让我们思考一个问题——气球为什么能飞起来？

气球能够飞起来是因为气球里面气体的密度比外部的密度要小，因此受到了大气的浮力。随着高度的增加，大气的密度也会降低，但由于气球在膨胀，所以气球内部气体的密度也在减小，因此还是能受到浮力的。但散逸层的大气密度只有海平面处的一亿亿分之一，气球怕是膨胀不了一亿亿倍吧……

结果就是浮力会与重力平衡，气球悬浮在空中。

◆ ◆ ◆

14.泡泡是如何形成的，又是怎么破碎的？

泡泡有很多种，我们以最常见的肥皂泡为例来说明这个问题。

形成泡泡的原理比较简单。液体内部分子之间存在着力，而在气液界面，这种力表现为引力，即"表面张力"。表面张力与分界线长度成正比，因此表面能就与面积成正比。我们知道系统的能量总是趋于最小值，所以失重条件下的水珠总是成球形（一定体积下球形表面积最小）。气泡的形状也是如此形成的。

下面看一下气泡形成的过程。我们以吹泡泡为例。当我们把空气吹进水膜中时，水膜鼓起，到一定体积（通常超过半球）时，开口会在表面张力作用下合拢，形成气泡。

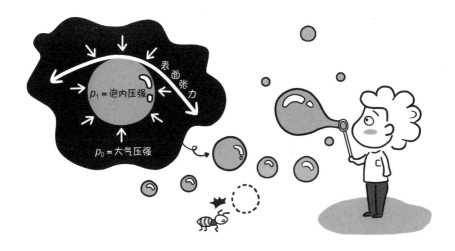

那气泡又是怎么破裂的呢？如果单纯靠表面张力就能维持气泡的话，

纯水也就能形成稳定存在的气泡了。但实际上纯水气泡很难维持，原因是气泡是否破裂是张力与水膜厚度涨落的博弈。张力太大，出现轻微的厚度涨落，受力会不均衡，水膜就会破掉。纯水很难形成稳定气泡就是这个原因。肥皂水中的肥皂就起到了减小表面张力的作用，这时水膜即使存在轻微厚度涨落，也不会使水泡破裂。当然存在了一定时间的肥皂泡，由于挥发，也会出现较大厚度涨落，泡泡就会破掉。

泡泡的问题看似很小，其实里面的学问比较大。在工程技术方面，人们经常遇到起泡不利或者起泡有利的问题，这都需要使用添加剂来改变液体表面张力，以达到想要的目的。

◆ ◆ ◆

15.水的凹液面是怎么形成的？

液体表面有张力，会使得液体趋于收缩。当将液体放于容器中时，容器的器壁与液体表面所形成的界面也会产生张力。可以理解为容器的器壁与液体内部都会给液体表面施力，就看这两者的力孰大孰小了。如果容器壁表面张力更强一点，那么液体就会攀附上它的表面，这就是凹液面；如果容器壁表面张力比较弱一点，那么液面就被液体拉走，形成凸液面。

具体形成什么液面不仅与液体有关，还与接触的容器有关。比如将水滴在桌子上，水滴会摊开；但如果滴在荷叶上，则水滴会形成小水球。

◆ ◆ ◆

16.为什么水龙头流下来的水，水柱会越来越细？

水柱下端的水是先离开水龙头的，而上端的水离开的时间较晚。在重力作用下，水加速下落。这样，先离开水龙头的水会比后离开水龙头的水速度要快，但速度差保持不变。当然，水的表面张力会减慢这个趋势，不过水柱上端与下端之间的距离还是会被拉大。水柱体积变大，使得水柱内部压力变小，在外界大气压强的作用下，水柱变细。

◆ ◆ ◆

17.水滴在荷叶上为什么会滚来滚去？

这是由于荷叶表面的强疏水性。荷叶表面有一层茸毛和一些微小的蜡质颗粒，它们的尺度均是微米甚至纳米级别的。水在这些细小的茸毛和颗粒上不漫延、不浸润，会使荷叶表面的水在其自身表面张力的作用下形成水珠。由于荷叶表面的这种强疏水性，自水珠与荷叶接触的交界面经过水珠内部到水珠与空气的交界面之间的夹角（也称为浸润角）会大于150°，稍有扰动，水珠很容易滚动。

由于荷叶上的水珠很容易滚动，会有一种"荷叶效应"产生。这是一种自清洁效应，滚动的水珠很容易带走荷叶表面的灰尘，使荷叶处于"出淤泥而不染"的洁净状态。

◆ ◆ ◆

18.影视作品中经常会看到人从高处跳落到地面后有一个翻滚动作，这个动作是怎么卸去或减小冲击力的？

人在从高处落下时会不断加速，动量不断增大，而人平稳地站在地上时动量为0，因此需要通过各种途径来将动量消耗掉。如果从不太高的地方跳到地面，人可以通过屈腿来进行缓冲，通过肌肉做功来降低动量；而当动量很大时，屈腿的缓冲有限，动量就会对人体造成伤害。人在落地后翻滚这一过程中，首先是人在竖直方向获得减速的时间长了，如果从高处跳下来，落地后顺势蹲下就觉得冲击力变弱了；其次是通过姿势的调整而将动量转换为角动量，即原本是直直地落在地上的，这些竖直的动量都要被缓冲掉，现在一部分变成了横向的滚动，因此竖直方向上对地面的冲击力变小，地面给人体的反作用力变小，人体承受的负担就会减轻许多。不过这一技巧需要专门的练习，并且缓冲也是有限度的，请勿随意模仿！

◆ ◆ ◆

19.为什么在倒果汁、牛奶时，液体总是不能连贯地流出，而是一股一股的呢？

题主说的这种情况发生于倒盒装或者瓶装（总之是硬包装）饮料的时候。因为盒内液体流出，盒内空间变大，原有气体提供的气压变小，而包装很硬，无法像袋装饮料一样变瘪，大气压与盒内压强的差作用在狭小的开口处，导致液体不能通畅流出，并且会有外面的空气不断挤入，导致液体流出不连贯。解决办法是——慢点倒。不要让液体全部堵住开口，而要留一点缝隙让空气进入。

◆ ◆ ◆

20.为何没有意识的人，抱起来比有意识的更重？我觉得是重心引起的力矩变化造成的，能给出详细解释吗？

确实是"抱起来"更重，也就是人还是那么重，但是抱起来要费的力气更大一些。抱有意识的人，他也会主动抱着你，这时他紧密贴在你的身上，同时你的肩膀等部位也会替手臂分担一部分重量。而无意识的人身体松散，抱起来不但全部重量都要靠手臂支撑，还要花额外的力气保证稳定。比如在健身房举铁的时候，同样重量的杠铃和哑铃，杠铃举起来会更轻松一些。题主说的重心引起力矩变化也有道理，类似的体验包括，同样重的箱子，体积比较小的更好搬。

另外，还有一个因素可能是题主做实验的时候没有考虑控制变量，抱有意识的人的时候抱的是80斤的女朋友，抱无意识的人的时候抱的是80公斤的室友。下次遇到室友喝醉这种情况有两种解决方案，一种是扔下不管；另一种是像扛麻袋一样扛在肩上，应该能节省一些体力，至于这种姿势他是否舒服不重要，反正他已经无意识了。

◆ ◆ ◆

21.请问每次大型货车、客车刹停后总能听到放气的声音，这是什么声音？

大型客车、货车在行驶过程中具有非常大的动能，想要在短时间内让它停下来需要很大的力，刹车踏板踩起来也非常硬，一般需要使用压缩空气作为辅助来帮助我们刹车。

踩刹车时，压缩空气进入制动气室推动刹车片，松刹车时，为了松开刹车片，需要将气室中的压缩空气排出，此时就能听到放气声了，刹车踩得越狠，松刹车后听到的放气声越大。

◆ ◆ ◆

22.水银体温计的缩口到底是什么原理？

我们都知道在使用水银体温计（简称体温计）之前要拿着它的尾部使劲地甩，目的是将尾部的水银全部甩进温度计头部的水银泡中。使用时，水银泡受热，水银膨胀，水银开始上升，直到达到热平衡，水银的最高点指示的数值就是体温，接下来读数就可以了。但是，一般温度计都是放在腋下等隐秘部位，要拿出来才能读数，但在这个过程中水银泡会受到环境的影响而改变温度（一般都是变冷），如果不采取措施，水银柱高度会迅速降低，导致我们无法获取准确的体温值。缩口的出现就是为了解决这个问题，它会阻止缩口之上的水银回流到水银泡中。这样即使温度计受到环境的影响，我们也有足够的时间来读取准确的体温值。这也是我们使用体温计之前要用力甩的原因。

缩口阻止水银回流是利用水银液面的表面张力将水银拉住来实现的。由于表面张力大小和管的半径成正比，而水银柱的重力正比于半径的平方，所以缩口只有足够细的时候才能阻止水银。我们生活中也经常遇到这种情况：用很细的吸管喝饮料经常会在吸管内残留一小段液体，但是用奶茶吸管就不会出现这种情况，其中的道理和缩口阻止水银是一样的。

◆ ◆ ◆

23.踢足球时如何做到用脚背将球稳稳停住而球不弹出去？

足球落在地上会弹起是因为足球形变将动能变成弹性势能储存起来然后又释放了出去。但是如果让足球落在柔软的沙地上或者草地上，它弹起的高度就会低很多，甚至弹不起来。原因在于柔软的地面起到了很好的缓冲作用，因此足球形变不大，储存的势能也不多，所以最终弹起的高度会低很多。

用脚背停球也是利用了脚背对足球的缓冲：虽然脚背并不算柔软，但是运动员通过调整脚部动作让脚背顺势随球移动并一起减速至停下，这样也可以起到很好的缓冲作用。要想将高速运动的足球停到想要的位置需要运动员具有高超的技巧。

◆ ◆ ◆

24.惯性不是力，为什么常有人说惯性力？

惯性确实不是力，惯性是物体保持自身运动状态不改变的能力，只和物体的质量有关。惯性力是在研究非惯性系中物体的运动状态引入的假想力。比如，在公交车上，如果公交车向前加速，即使你没有受到其他力的作用，你也会感觉有一个力在向后推自己，所以我们引入了惯性力来研究这种情况下你的运动状态。在应用中（匀加速运动的体系），惯性力大小等于质量和体系加速度大小的乘积，方向和加速度方向相反。引入惯性力后，物体所遵循的运动方程和牛顿第二定律有相同的形式，用起来非常方便。

25.为什么指甲或者铁丝在被剪断之后会弹出很远，而不是原地掉下来？

　　一般来说，剪指甲并不是一个丝滑顺畅的过程，仔细观察可以发现，剪指甲的过程中，指甲先被指甲钳压变形，然后突然被指甲钳剪断。由于指甲在形变过程中储存了弹性势能，所以弹性势能的释放会让指甲飞出去。

◆ ◆ ◆

26.为什么用一根手指可以让坐着的人站不起来？

　　要弄明白这个问题，就得先明白人是如何从端坐（注意一定要端坐，耸肩弯背的姿势不在考虑之列）到站起的。人在端坐时，重心位于小腿后面，臀部附近。站起过程是重心向前向上移动的过程，具体步骤是腰腹部肌肉收缩，身体前倾将重心移到与脚垂直，腿部肌肉收缩使腿站直，重心上移。

　　如果端坐时有人用手指抵着额头（注意是额头，如果抵胸及胸部以下的话，一根手指就办不到了），那么身体是无法前倾的，因为腰腹部肌肉在臀部附近，而身子前倾却是以臀部为支点的转动，故而腰腹部肌肉的力臂短，而抵额头的指头力臂长。这样指头用很小的力就可以造成较大力矩，以致腰腹部力量无法克服该力矩，重心不会前移。第一步没有发生，腿部肌肉无从发力，我们也就站不起来了。

◆ ◆ ◆

27.为什么湿衣服在身上很难脱下，而光脚踩在湿的地面上就容易滑倒？

　　当衣服被水浸湿之后，原本那些与皮肤没有接触到的缝隙就填满了水，水对于衣服以及人的皮肤都具有较强的吸附力。另外，即便是浸湿的衣服，在皮肤与衣服之间也会存在一点空气，增加了表面积，使得表面张力大大增加，从而导致衣服不容易被脱下。比如湿袜子不好脱，但是当把脚伸到水里脱就很容易脱下去了。

至于光脚踩在湿的地面上会打滑，首先这一地面即便是干燥时也具有较小的摩擦因数，也就是说并不是任何湿润的地面踩上去都容易滑倒。容易滑倒的地面其表面比较光滑，因此此时水分子的作用更多的是润滑。

◆ ◆ ◆

28.水黾为什么不会沉下去？

水中物体，受到的浮力等于排开的水的重量。所以对实心物体而言，如果其密度大于水的密度，浮力就无法支撑其重力，物体下沉；反之，物体则漂浮在水面上。但有一些情况例外，小心放置密度比水大的小物件（如回形针、硬币等）于水面，它们也会漂浮在水面上。这里的浮力不足以使小物件漂浮，而使其漂浮的是另外的力——表面张力（顾名思义，这个力只有液体表面存在，液体内部是不存在的）。像水球的形状、毛细现象等，均与表面张力有关。

水黾之所以会漂浮在水面上，是因为它充分利用了水的表面张力。一方面，水黾腿部狭长，使其自身重量被有效分散；另一方面，这类动物身体表面一般都有一层拒水绒毛，使其身体始终处于水的表面。

祖传轻功
"水上漂"是也！

29. 为什么玩滑板时，猛然向上跃起，滑板也会跟着向上运动，就像粘在脚底？

问题中所说的动作被滑板爱好者们称为豚跳（Ollie）。首先将后脚移到滑板后翘的末端，身体下压，准备起跳。然后用后脚压板，前脚起跳，这时滑板相当于一个支点在后轮的杠杆，在后脚向下的压力作用下，滑板的前端上翘。一方面，当滑板后翘触及地面时，后脚起跳，在惯性的作用下，滑板继续上升，此时整体已经离开地面；另一方面，当滑板前端碰到跳起的前脚时，前脚外翻脚背，并向滑板前翘移动，给予滑板平行于板面向上的滑动摩擦力，可以进一步将滑板"拉升"。最后用双脚将板面踩平，人和滑板一起下落至地面。虽然说物理过程不难，但过程中对身体的协调性和时机的把控度要求较高，需要大量的练习。

◆ ◆ ◆

30. 用相同的力转动一个生鸡蛋和一个熟鸡蛋，为什么熟鸡蛋转动的时间更长？

熟鸡蛋内外是一个不分离的整体，当其转动时，形状不变、性质不变，可以看作一个刚体，给定一个初速度，其转动时只要找到合适的转轴就会稳定地转起来。

生鸡蛋的壳是固体，里面的蛋清和蛋黄都是液体，转动时，由于其整体不连接，内部的液体部分由于惯性作用会有逐渐加速的过程，这个过程会由于阻力的产生有能量耗散。而且其旋转时，鸡蛋内部由于密度不均匀，蛋液会向蛋壳不规则流动，导致转动惯量依赖转速而变化，引入一个不稳定因素，因此，相比之下，熟鸡蛋转动的时间更长一些。

31.溜溜球甩出去，为什么能自己滚上来？

溜溜球（Yo-Yo），又称悠悠球，是一项花式纷繁、极具观赏性的手上技巧运动。据传，它起源于菲律宾狩猎民族在狩猎和战斗时所使用的武器——绳子前端悬挂着重物，并且"Yo-Yo"在菲律宾的土语塔加路语中是"回来"或"去回来"的意思。那么，溜溜球在甩出去之后是如何回来的呢？

传统的溜溜球中单股绳直接系在轮轴上，将溜溜球的轮轴和轮盘看作一个刚体，在溜溜球被向下甩出的过程中，在重力和人给予的初始冲量的作用下向下运动，同时由于重力和绳子对其的力矩作用开始转动，重力势能逐渐转换成平动动能和转动动能，随着重力势能的减少，下落的速度越来越快，转动的速度也越来越快。当细绳全部展开后，下落速度和转动速度达到最大值，这时原来的重力势能完全转化为平动动能和转动动能。

由于转动惯性的作用，在最低点时溜溜球还会继续旋转，但此时细绳已经全部展开，溜溜球已不可能继续往下走，由于细绳与轮轴是固连的，继续旋转就会从另一个方向开始缠绕细绳，开始爬升，即所谓的"自己滚上来"。但由于细绳不是完全弹性体，在溜溜球转向的过程中平动动能有所损失，在向上运动时不会回到初始位置，因此需要在初始时将悠悠球"甩"出去或在最低点时迅速提一下细绳以补充能量损失。

为了使溜溜球在最低点处悬停足够长的时间来完成一些高难度动作，人们发展了一系列现代化溜溜球——轴承型、离合型溜溜球等。其原理与现代溜溜球基本一致，细绳与轮轴没有直接固连，在最低点时轮轴能够继续克服细绳对其的摩擦力旋转而不缠绕细绳。为了使溜溜球滚上来，有时需要提一下细绳，使得轮轴与细绳接触的地方压力增大，对应摩擦力增大，大于静摩擦力时会使细绳开始缠绕轮轴，进而开始爬升，回到玩家手中。

32.为什么放风筝放到一定高度要收线再继续放长呢?

极限情况下考虑一直放线且放线速度极快,以至于不对风筝产生力的效果,则风筝在不考虑重力的情况下会随着风一起做相对静止运动,对于一般的对流层来说,风筝会越飘越远。当然,这是在绝对理想的情况下。对于低空下的飞行来说,由于周边建筑和地形的影响,其空气流不稳定导致风速和方向都不稳定,又由于风筝本身的重力作用,风筝会掉下来。

此时由于风筝需要迎风前进一段,由于本身和水平方向有一个夹角,在迎风移动的过程中,气流会给风筝带来更大的向上的升力,于是风筝的垂直高度会有所增加,同时线短了,线和地面形成的夹角增大了,随后适当放长一段线可以让风筝在更高更远的地方重新达到一个平衡点,反复这个过程,风筝就可以飞得又高又远。

◆ ◆ ◆

33.怎样最快地把装满水的瓶子里的水全部倒出来?是直接把瓶子倒过来快,还是倾斜一定角度(水不把瓶口封住)快?

当你把装满水的瓶子倒过来,水当然会流出来。瓶内的气压会越来越小,瓶内外的压强差会阻碍液体进一步流出。题主给的方法是倾斜一定角度,尽量不让水把瓶口封住,这确实是个好办法,因为这样可以始终保持瓶内外压强大小一致,但是这样就不能充分利用重力。

还有一种办法是边转动瓶子边倒,因为转动形成的涡旋可以将瓶内外的空气连接起来,这样既能保证瓶内外气压平衡又能充分利用重力。当然,还可以狂甩把水甩出来,就像洗衣机甩干衣服一样。

◆ ◆ ◆

34.如何摆脱地心引力?

只要你跑得足够快,地球就抓不住你。

宇宙中每一个物体都以一定的力吸引着其他物体，这就是传说中的万有引力。

对于一个人来说，如果想要摆脱地心引力，根据引力定律，有四种方法。

方法1：将地球的质量变为0。要想做到这一步，虽然方法有很多，比如说将地球质量离散化，不断抛出一块块到外太空，直至质量为0，但这样实施起来并不简单，而且可能会让你成为全人类的公敌。

方法2：将你的质量变为0。这可能难以实现，但是最简单的方法是，你的思维是没有质量的，其本身是不受地心引力影响的，所以，请让你的思维自由思考飞翔吧（这也可能是成本最低的方法了）。

方法3：将地球的质量转变为人的质量。你可以努力吃土，等到地球的质量为0，你的质量为两者质量之和时，你就完全不受地心引力影响了。

方法4：增大你与地球之间的距离，当这个距离趋近于无穷时，引力就可以忽略不计了。根据万有引力定律，当把航天器以超过第二宇宙速度（11.2 km/s）发射之后，它就会脱离地球的引力场而成为围绕太阳运行的人造卫星。当达到第三宇宙速度后，它就会脱离太阳系，飞翔于浩瀚的宇宙。

◆ ◆ ◆

35.如果压力足够大，水可以被压缩吗？

可以。压缩性是流体的基本属性。任何流体都是可以被压缩的，只不过可压缩的程度不同而已。液体的压缩性都很小，随着压强和温度的变化，液体的密度仅有微小的变化，在大多数情况下，我们可以忽略压缩性的影响，认为液体的密度是一个常数。

水作为液体也是可以压缩的。从分子和原子尺度上考虑，水分子和水分子之间具有一定的空隙，氢原子和氧原子之间也存在距离，但分子或原子间很强的作用力使得其难以被压缩，不过还是可以压缩的。一个很好的例子是在重力作用下，深海中的水被其上部的水压缩，其密度比海面水的密度大。

◆ ◆ ◆

36.为什么钢化玻璃敲边缘比敲中间容易碎？

先介绍一下钢化玻璃是怎么生产出来的。一种生产钢化玻璃的方法是将普通退火玻璃加热到软化温度，然后再将其急速冷却。在急速冷却过程中，玻璃表面被冷却至退火温度以下，快速硬化，形成固态外壳；而内部的玻璃还处于液态，慢慢冷却时会拉着固态外壳收缩，让表层玻璃（固态外壳）受到巨大的压应力，相应地，内部的玻璃则被固态外壳拉向四周，受到的是张应力。"鲁伯特之泪"也是出于这个原理。

当钢化玻璃受压时，外力首先要抵消玻璃表层的压应力，从而提高了玻璃的承载能力。因此，我们可以知道，钢化玻璃抗冲击性能好的原因是其表面具有压应力。但是钢化玻璃的边角区域往往会应力集中，属于比较脆弱的区域，因此敲击边缘容易碎。汽车的侧窗玻璃就是钢化玻璃，细心点就能发现，逃生锤的使用指南上说要敲击侧窗玻璃的边角，原因就是敲击侧窗玻璃边角容易使玻璃出现裂缝，进而应力释放会让整块玻璃碎成渣渣，便于逃生。

◆ ◆ ◆

37.两辆车拔河（车头相反），到底是车重还是马力决定谁拉动谁？

先公布答案，车重和马力都不能单独决定谁拉动谁。先看下图，可以将两辆车拔河的场景抽象成图中的模型。

谁能胜出的决定性因素是地面给谁的摩擦力大。这个摩擦力决定于车和地面之间的最大静摩擦力（由车重和轮胎以及地面的性质决定）以及车能给地面的最大横向作用力（取决于车的扭矩，一般来说，马力大的车扭矩也小不了）。那么两者在拔河过程中分别起到什么样的作用呢？最大静摩擦力限制了地面施加给车的横向作用力的最大值，而扭矩决定了汽车可以将最大静摩擦力的潜力发挥出来多少。

听起来非常拗口吧？下面用两个极限情况下的例子来讲解。

1. 两辆车，一辆车的扭矩很大，停在绝对光滑的地面上；另一辆车的扭矩很小，停在粗糙的地面上。很显然，地面不会给第一辆车任何横向作用力，所以第二辆车轻松胜出。因此，扭矩大也有可能会输。

2. 一辆车和一座山拔河。山的扭矩是零，车的扭矩不为零。可想而知，车永远拉不动山，但反过来看，虽然山永远不会输，但是也永远不能将车拉动。因此，最大静摩擦力大不见得能赢，但一定不会输。

综上，在简化模型中，最大静摩擦力和扭矩的其中一个因素并不能决定谁会赢，只有最大静摩擦力大、扭矩又大的一方才一定会赢。其他情况还要具体分析才行，不再赘述。在实际情况中，我们还要考虑力的作用点和作用方向等因素，问题会变得更加复杂。

声学篇

01.能解释一下音爆现象吗?

音爆通常是飞机等物体在速度超过声速（或者发生爆炸）时，伴随而来的一种发出巨大声响的现象。要解释这种现象，就要有一定的波动知识。我们知道声音是一种机械波，它是密度振荡的传播。声音具有一定的传播速度，具体数值与介质相关。我们以声音在空气中的速度为例（约340 m/s），这是密度振荡在空气中的传播速度。如果声源（如飞机）的速度等于或者超过声速，那么由物体运动所引起的密度压缩将无法向前传播。其结果是在物体与空气的接触面形成一层很薄的压缩层，压缩层内密度大，温度高，这就是所谓的激波。压缩层与层外空气在密度和温度上都有跃变。当压缩层经过普通空气时，空气的密度、压强会有一个跃升跃降的过程，该过程有大量能量释放，发出巨响。这就是所谓的音爆了。

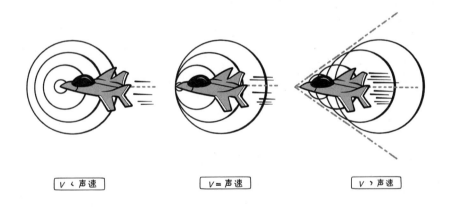

有趣的是，在激波形成过程中，由于其激波层内的压强骤增，空气中的水蒸气会凝结成小水滴，形成美丽的音爆云。喜欢军事或者空战电影的同学对此一定不陌生。

其实音爆现象在日常生活中蛮常见的。我们在广场时不时碰到有人抽陀螺，总会听到"啪"的声响。这就是鞭子的尾端瞬间超音速发出的音爆声。

02 . 为什么在打电话时对方能听到你的声音？为什么手机等音频设备能录入人的声音？

在生活中，你听到声音是因为声源发出的振动经过空气的传播进入你的耳朵，然后空气引起鼓膜振动，鼓膜的振动经过神经传入大脑，这样你就听到了声音。所以你直接听到的是传播到你的耳朵里的振动。

可以想象，如果可以制造和某种声音一样的振动，即便声源不存在，那么对于你来说，听到的声音和声源发出的声音是没有区别的。电话可以把说话人造成的振动包含的信息通过电磁波传递给接收信号的电话。电话接收到信号后，又通过扬声器重现了说话人造成的振动，这样你就可以听到对方说的话了。

手机录入人声的原理，简单地说就是，录音设备把人声转换成相应的数字信号，然后把数字信号记录在芯片里，需要重现声音的话，只需要读取芯片里的数字信号来模拟录入的声音就可以了。这就像你根据别人的朗诵用笔记录下内容，然后自己再把它读出来：你直接记录的并不是声音，但是你可以通过记录的信息重现听到的声音。

◆ ◆ ◆

03 . 为什么听手机录入的自己的声音和自己真实的声音差别很大？

手机在录音与播放录音的过程中会有少许的失真，但这并不是这个问题的主要原因，非本人听到手机录音会认为这种声音与直接对话时听到的声音差别不大。

那么真正原因又是什么呢？

根据声音的传导方式，人听到的声音有两个来源：空气传导和骨传导。可以做这样一个小实验来感受骨传导的存在：首先捂住自己的耳朵，使自己几乎听不到别人的声音，其次用很小的声音说话，会发现自己能够很清楚地听到自己在说什么。

声带是身体的一部分，所以振动发声时，骨传导的效果明显，而外界空气传导来的声音几乎不会引起骨传导。人听到的自己说话的声音是空气传导与骨传导的合效果，其中骨传导占主要作用，而录音则只有空气传导，因此听起来感觉不一样，差别很大。

◆ ◆ ◆

04. 响指是如何打响的？

要想知道响指如何打响，首先就得分析出响指的声源在哪里。我们晓得声音是靠机械振动产生的。那么响指的声源在哪里？指头？显然不是，指头的振动频率达不到人耳可听到的程度。

其实响指的声源在于手指与手掌形成的空腔。以中指拇指响指为例，无名指和小指与手掌形成空腔。中指的快速拍打引起空腔内气柱的振动，产生具有一定频率的驻波，发出声响。这一点很容易证明，当把空腔打开时，就听不到响指的那个声响了。

◆ ◆ ◆

05. 麦克风为什么能让声音变大？它是怎么转化我们的声音内容的？

麦克风其实并没有把声音放大的功能，麦克风的作用只是收集声音信号，真正把声音放大的是音箱。

首先，麦克风通过传感器把声音的机械信号转化为电信号。此时的电信号中含有很多噪声，所以需要先对其进行滤波和降噪操作，再通过有线或者无线传输的方式传给音箱；其次，功率放大器将电信号功率放大；最后，喇叭再将电信号转化为声音信号释放出来，此时喇叭释放出来的声音的功率就要比原始声音大。

这个过程中，让声音变大的主要模块是功率放大器，其主要原理是通过三极管的电流控制作用或者场效应管的电压调制作用，将电源的功率转换为按照输入信号变化的电流，也就是将输入信号的电流放大。

◆ ◆ ◆

06. 请问，顺风时，声音的传播速度会不会变快？

假设风的各个部分定向运动的速度相同，那么顺风时，声音的传播速度会变快。

声音在空气中是怎么传播的呢？声源振动引起附近的空气分子振动，这些空气分子又会引起它旁边的空气分子振动，振动通过空气分子向远处传播，这就是声音的传播方式。声音传播的速度——声速，与空气本身的性质（包括气压、湿度等）有关。

风是空气分子定向运动引起的，在和风速度相同的参考系中观察，风就是一团静止的空气，在这个参考系中，声速就是正常的声速（大约 340 m/s），但是如果站在地面上测量，声速还要叠加上参考系自身的速度。因此，地面上测到的声速就变大了。

沿风速方向的声速增大还会造成声波向风速方向聚拢。"顺风而呼，声非加疾也，而闻者彰"，说的就是虽然声音没有变得更洪亮，但是可以让更远的人听到，这就是风速改变声速的结果。

◆ ◆ ◆

07. 共鸣腔为什么能提高声音的响亮程度？

共鸣是日常生活中常见的现象，很多歌手在唱歌的时候会利用共鸣来控制与加强自己的声音。鸟类通过控制鸣管引起不同的共鸣唱出婉转的歌声，很多乐器也会通过共鸣发声，但是为什么共鸣腔会加强声音呢？这个能量又是从哪里来的呢？

共鸣腔是通过声波在共鸣腔内部来回反射形成驻波来加强声波的，改变共鸣腔的形状可以改变腔体内发出的声音，如鸟类通过控制鸣管的变化来发出音调多变的鸣叫。

说得更准确一点，共鸣提高的是声音在特定频率上的强度，并且这个频率跟共鸣腔的形状和材质密切相关。共鸣之所以能提高某一频率的声音强度，是因为这个频率与材料的固有频率一致，外界声音的能量可以在这个材料的固有频率上不断叠加起来。这就好像你在推秋千，秋千振荡的频率与坐秋千的人的体重和秋千的线长有关。但如果你推秋千的频率刚刚好与秋千自己振荡的频率一致的话，那即使你每次推的力气不大，秋千也会把你每次推的能量叠加起来，越荡越高。

◆ ◆ ◆

08.一段绳子在两端同时摇，绳子会在中间相互抵消归于平静。我想知道声波可以吗？如果可以，能不能用于整治噪声污染？

这里涉及了波的叠加原理：在两列波重叠的区域内，任何一个质点同时参与两个振动，其振动位移等于这两列波分别引起的位移的矢量和。声波也是波，满足波的叠加原理。

如选择两束合适的声波进行叠加，一个区域内的声音可以大幅减小。这也正是主动降噪耳机的工作原理：降噪系统可以针对外界的噪声产生合适的声波，两者叠加刚好使噪声消失，这样可以大大提高耳机的性能。当然，如此有科技含量的耳机往往很贵。

虽然主动降噪的原理很简单，但是如果要大规模使用的话，成本会非常高，所以一般不用这种方法整治噪声污染。

◆ ◆ ◆

09.通过耳朵来判断声源一定准确吗？

不一定准确。

人类利用双耳效应来判断声源的位置时，人的两只耳朵在头部的位置不同，朝向也不同。同一个声源发出的声音在任何一只耳朵听来都是不一样的，我们利用这种区别可以判断声源的位置。所以只要能模仿这种差别就可以骗过耳朵。比如在回声时，声音听起来好像是从声音反射的位置发出的，但是真正的声源并不在那里。

光学篇

01. 请问激光如何分类？为什么有的激光能够透视，有的能够切割？它们本质上有什么不同吗？

激光是 20 世纪以来人类的重大发明之一，被称为"最快的刀""最准的尺""最亮的光"。

激光可按功率、用途、连续与否、脉冲时长、产生方式、发光波段等许多方面进行分类。其中，按照波段可分为红外波段、可见光波段、紫外波段、X 射线波段等类型。

本质上讲，激光产生的微观机制与普通光不同。比如白炽灯发光是自发辐射，各原子跃迁发光时彼此没有强烈关联。而激光则是受激辐射并放大，在辐射场的作用下，激发态的原子向低能级跃迁发光，这些光的频率、相位、传播方向、偏振状态相同。这导致激光具有优异的相干性、方向性，也可以达到很高的强度。

如果该激光处于 X 射线波段范围，由于其能量高、波长短，甚至小于原子间距，可以穿透物体，又因为不同物质中电子密度和分布不同，透射率有差异，所以可以实现成像。如果该激光处于可见光或红外光波段，可以像雷达那样，探测其发射后再次返回的时间，或者利用其良好的相干性，探测其被散射后的光场分布，经过计算，一定程度上重建出障碍物后物体的形貌，这也可以算是另一种形式的"透视"。而如果激光强度极大——最好处于红外波段，则具有明显的加热效应，可以将材料迅速加热至熔化甚至汽化，实现激光切割。

◆ ◆ ◆

02. 为什么买的红色激光笔看着光点好像有许多小红点在动？

这种斑点称为激光散斑，是由激光发生干涉形成的。

一般来说，激光笔照射的平面表面都有微小的凹凸不平，粗糙表面可以看作由不规则分布的大量面元构成，相干光照射时，不同的面元对入射相干光的反射或散射会引起不同的光程差，反射或散射的光波动在空间相遇时会发生干涉现象。当数目很多的面元不规则分布时，我们可以观察到随机分布的颗粒状结构的图案，也就是所谓的激光散斑。

◆ ◆ ◆

03.验钞机发出的是紫光，但此光并不是紫外线，那么验钞机发出的究竟是什么光？

首先明确一点，紫光不是紫外线。常见的验钞机能够明显地看到其发出的紫光，但这并不是用于验钞的紫外线，紫外线不属于可见光，我们是看不见的。但需要强调的是，验钞机确实发出了紫外线，它辐射的光的能量主要集中在紫外波段（波长约为365 nm）。

下面先简单介绍一下验钞的原理。我国的人民币采用的是专用纸张，该纸张在紫外线照射下是不会有荧光反应的。但市面上能买到的纸张都会有荧光反应，在紫外线的照射下会发出紫光和蓝光。因此，直接测量纸张有无荧光反应即可辨别纸币的真伪。另外，纸币上也用特定的荧光油墨写了一些标记，这些标记在紫外光照射下也会显现出来，帮助我们用肉眼识别真伪。

紫外线是在可见波段之外的，那我们又是怎么看见紫光的呢？

对于常见光源来说，它发出的光都不会只有某一个特定波长，其光谱都会有一定的带宽。而验钞机光源发出的光，正好覆盖到了可见光波段的紫色部分。当然，我们可以通过技术手段去消除紫色可见光，但那样的成本会比较高，得不偿失。况且紫光本身波长已足够短、能量足够高，也可以激发出绿色、红色等波长较长的荧光。另外，我们还可以根据紫光是否存在，判断验钞机是否正常工作，所以我们就对紫光的存在宽容些吧。

04.为什么用微波炉加热食物时不能用金属餐具?

微波炉主要通过加热食物中的水分子来加热食物。如果使用金属餐具盛放食物用微波炉加热,一般会遇到三个问题。

1.加热效果差。因为金属可以屏蔽电磁波,本来应该照射在食物上的电磁波就会被金属器皿挡住,导致食物不能被充分加热。

2.金属餐具发烫。金属不仅会屏蔽电磁波,还会吸收电磁波,电磁波会在金属中诱导出电流,电流会让金属大量发热,这时餐具在某种意义上讲就成了一个电磁炉。

3.可能会产生电弧。金属餐具在电磁场中会产生响应,导致金属表面的电荷重新分布,在电荷密度大的地方容易发生击穿而产生电弧。电弧可能会引燃食物里的可燃物,还有可能会对微波炉本身造成伤害。

◆ ◆ ◆

05.如何从物理学角度解释玻璃是透明的?

我们知道光入射到任何材料上,都会产生吸收、反射、散射等现象。

玻璃属于绝缘体,导电性较差,因此我们不需考虑和金属一样由外部自由电子导致的强烈的反射。玻璃为均质的非晶体,因此散射作用也不会很明显。

玻璃的主要成分为二氧化硅、硅酸钠、硅酸钙等,是一种高度无序的非晶体。从晶体角度结合光吸收可以解释二氧化硅为什么是透明的。

二氧化硅,也就是我们常见的水晶,带隙为$5.2\,eV$,可见光波长为$400 \sim 700\,nm$,由德布罗意公式可以计算得到可见光能量为$1.6 \sim 3.1\,eV$。因此可见光波段的能量太小,不足以使电子跃过二氧化硅的带隙,因此,二氧化硅在可见光波段可以被认为是透明的。当然,如果主要考虑吸收,则任何晶体都不能对所有波段的电磁波透明。

06.为什么被水打湿的纸张比干纸张的透光性好？

首先我们需要明确纸的成分，我们平时用的纸是经过一系列复杂的工艺造出来的，主要由纤维素和填充料构成，有的纸会加一些钛白粉以使其看起来更白一些。那为什么纸被打湿以后看起来会更"透明"一些呢？

当纸没有被打湿的时候，纤维素和填充料错综复杂地纵横交错在一起，纤维素的折射率为 $1.466 \sim 1.485$，与空气折射率（非常接近1）相差较大，所以经过折射以后光线传播路径会发生较大改变，加上错综复杂的界面分布，光线就被折射到四面八方去了，所以人眼看起来，纸是不透明的。但是当纸被水或油浸湿以后，因为水的折射率为1.33，与油（ $1.4 \sim 1.5$ ）跟纤维素比较接近，纸就变成了比较均匀的结构，光线在纸—水界面上传播路径的变化并不大，同时水（油）还把纸"高低不平"的表面填平了，使得整个纸的结构变得像玻璃一样，透光率就大大提升了。衬衫被汗水浸湿之后的透光原理与此类似。

◆ ◆ ◆

07.近视的人不戴眼镜，用镜子反射看物体，为什么也看不清？

用镜子反射看物体时，虽然你的眼睛离镜子很近，但是镜子所成的像和你的距离很远。平面镜成的是等大的虚像，也就是你看到的像和直接观测时看到的物体是一样大的。物体和你的距离并没有改变，还是之前那么远，因此平面镜并不能帮助近视的人望远。

我们在测视力的时候，经常会遇到房间大小不够的情况，这时候医生就需要借助镜子，通过镜子里的视力表来测视力。

08. 我是近视眼，摘了眼镜之后看不清东西，但是透过拳头的小孔还是能看清一些，这是我眼睛眯起来的原因还是小孔成像的原因？

近视眼的同学透过拳头形成的小孔能够看得更清楚些，其原理与眯眼是一样的。

健康人的眼睛，焦平面与视网膜是重合的，近视眼的同学由于晶状体变厚，焦面前移，没有与视网膜重合。远视眼就是焦面到了视网膜的后方，也没有与视网膜重合。

远处的光射入眼睛时，经晶状体折射在焦面上成像，正常人的眼睛正好成像在视网膜上，通过视神经感光，将信号传给大脑。如果近视，那么由于焦面前移，在视网膜上像点会变大，不同像点交叠，呈现出模糊的像。这时如果限制入射光的宽度，那么在视网膜上的像点会变小，这样就减少了各像点之间的交叠，使图像更清晰，此外，将入射光局限到傍轴范围内，也可以一定程度上减小像差。

小孔成像是直接透过小孔不经折射地成像。而光线进入人眼，是经过晶状体折射的，显然不是单纯的小孔成像。

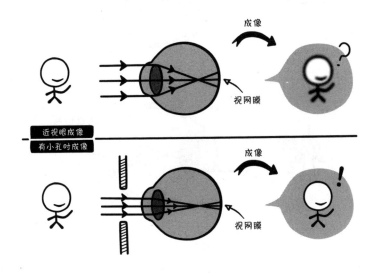

09．人老了会又近视又老花眼吗？

老花眼实际上是随着年龄增长，眼球晶状体逐渐硬化、增厚，而且眼部肌肉的调节能力也随之减退，导致变焦能力降低造成的。我们知道，人眼是通过睫状肌来调节晶状体的曲率，进而来调节眼睛的焦距的。看近处的物体时，人眼的焦距短，看远处时，焦距长。眼睛能够看到最近的物理的距离称为近点，而能看到最远的物体的距离则为远点。正常的眼睛远点是无限远的，近视之后远点会近移，就是说远处的物体以前随随便便就能看得一清二楚，现在必须离近点看了。对于近点来说，幼年时在眼前 7 ～ 8 cm 处，成年后约为 25 cm，到了老年之后会移到 1 ～ 2 m。近点变远的表现就是离得近看不清，但这个和远点变近是不矛盾的，因此可以既远视又近视，所以老花眼的人同时也可以近视。

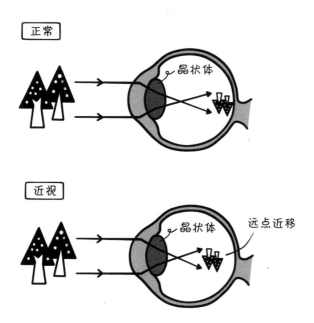

10. 为什么在水里睁眼看东西会看不清?

正常人在水中是远视眼。在人眼中,晶状体会把外界的光线汇聚成像到视网膜上,视网膜上的感光细胞会将信号通过神经传递给大脑形成视觉。因此,晶状体在视网膜上成像的质量好坏是人能否看清物体的关键。由于水的折射率大于空气,所以习惯了在空气中看物体的人眼进入水中之后就会难以将光线汇聚成清晰的像,这就是人在水中看不清的原因。

◆ ◆ ◆

11. 为什么眯着眼看灯光会有光柱的感觉?

眯眼的时候,上下眼皮之间的距离越来越近,你所能看到的视野也越来越狭窄,这个过程相当于透过一个狭缝来看外边的景象,并且这个狭缝越来越窄。

通常情况下,我们并不能观察到光的干涉、衍射现象,其中有一个很重要的原因是光传播时所经过的物体的尺度都远大于光的波长,这种情况下物体对光的影响就微乎其微了,光几乎是沿着直线传播。但如果物体的尺度和光的波长相当时,情况就不一样了。

我们平时所看到的各种各样的光并不是单色光源,这些光源发出的光是断断续续的,有随机的时间差,它们是不相干的。或者说,即便发生干涉也是各种各样的干涉的叠加,综合起来相当于没有。法国物理学家菲涅耳在惠更斯的光学理论基础上进一步完善,提出了子波相干叠加理论,又称为惠更斯-菲涅耳原理。这个原理的表述为:同一波面上的每一微小面元都可以看作新的振动中心,它们发出次级子波。这些次级子波在空间某点相遇时,该点的振动是所有这些次级子波在该点的相干叠加。

所以,如果狭缝的尺度足够小,那么透过狭缝的那部分光便几乎是相同的光,它们是相干的。

此时如果考虑光从狭缝穿过的传播情况,就需要考虑光的波动性了,光会发生单缝衍射，在视网膜上形成明暗相间的条纹，最中间是亮条纹，其宽度大、亮度大，其余的次级亮条纹强度很小。

最中间的亮条纹的宽度要比狭缝宽，这就是眯眼所看到的光柱，而这一亮条纹的宽度与你眯眼的缝隙宽度成反比，所以越眯眼，光柱就会越宽。

◆ ◆ ◆

⓬．用非2B铅笔或中性笔涂机读卡可以被识别吗？

现在的机读卡主要是利用红外线感应碳（石墨）技术，这种技术检测的是所涂色块的两个指标：碳浓度和面积。只有这两个指标同时达标才会被识别为有效记号。如果使用HB铅笔或者中性笔涂写，可能会因为碳含量不够而造成检测失败。读者可能会问为什么不使用含碳量更高的铅笔，那是因为那样的铅笔涂出的笔迹很容易被蹭花而影响卡面整洁，进而影响识别效率。

当然，机读卡所用的原理并不是只有这一种，并且，就算是使用红外线感应碳（石墨）技术也不是完全不能识别非2B铅笔的笔迹，为了不造成不必要的麻烦和损失，请一定要按照考场要求准备涂卡笔。

◆ ◆ ◆

⓭．为什么肥皂泡有彩色条纹？

肥皂泡并不总是彩色的，有时候它也会是无色透明的！

我们先说说肥皂泡为什么会是彩色的。太阳光并不是单色光，经过棱镜折射之后，它会被分成7种颜色，这是因为不同波长的光在介质中的折射率不一样。肥皂泡的表面相当于一层薄膜，而这层薄膜的折射率和空气是不同的，因此光照过来之后会发生反射与折射，并产生干涉条纹。因为太阳光是复色光，所以会有不同颜色的条纹叠加在一起，形成了混合的彩色，我们通常称它为薄层色。

当一束光从空气射到薄膜上时，一部分发生反射，另一部分透射进薄膜里，而到了薄膜里的光在到达薄膜的下表面时又会被反射回来一部分。这两次反射的光是从一束光分出来的，因此是相干的，会产生干涉。从空气到薄膜这一过程的反射与从薄膜到空气这一过程的反射是不同的物理过程，会产生额外的光程差，即波长的一半，这便是所谓的半波损失。

如果薄膜的厚度非常薄，远小于光的波长，则两束光的光程差便只有波长的一半，会发生相消干涉，因此在反射光中便看不见薄膜了，而透射光没有额外光程差，所以此时薄膜便是透明无色的。

◆ ◆ ◆

14.夏天阳光很猛烈的时候，在高速公路上开车，为什么会看到前方一两百米远的地面在反光，好像有积水一样？

高速公路上比较宽阔，如果不刮风的话，则空气的流动会相对比较稳定，越接近地面的空气温度越高、密度越小，即从上到下空气的密度在逐渐减小。

光在不同折射率的介质中传播时会发生折射，光从折射率大的介质向折射率小的介质传播，当入射角达到某一临界角度时会发生全反射。

光在地面传播的时候，越靠近地面空气的密度越小、折射率越小，因此将不停地发生折射，当角度达到临界角时便发生了全反射。此时地面上发生全反射的空气层就相当于一面镜子，可以反射光，因此其亮度将比没有发生全反射的地面亮得多，并且还能看到倒影，在视觉上就像是一摊水。

◆ ◆ ◆

15.请问人造光大致分为哪几种，分别有什么特点，与太阳光相比有什么不同，能不能使植物进行光合作用？

人造光是由人工设计制造的仪器、设备产生的光。按先后出现顺序，人造光源可以分为火把、油灯、蜡烛、白炽灯、低压汞灯、高压氙灯等，当然还有激光。

火把、油灯和蜡烛都是利用物质燃烧产生大量光和热的原理，通过控制其燃烧速率使其可以稳定持续地发光的；白炽灯利用热辐射的原理通过对物质加热，使其达到白炽状态，辐射出可见光；低压汞灯通电后释放紫外线，可直接用于消毒杀菌，也可用于激发荧光粉发出可见光；高压氙灯是灯内两个电极在电场的作用下，电流通过一种或几种气体或金属蒸汽而放电发光的；激光主要利用的是受激辐射光放大的原理发光的。

这些光源发出的光线与太阳光的主要区别在于其光谱差异。太阳光指的是太阳所有频谱的电磁辐射。我们通常讨论的太阳光是经过地球大气层过滤后照射到地球表面的太阳辐射，主要包含紫外线、可见光、红外线等，光谱整体上连续，但中间一些波段会因大气中各类分子的吸收而变弱。日常用的白炽灯光谱是峰值波长在红外波段，但整体覆盖可见光范围的连续光谱。荧光和气体放电灯光谱都是不连续的，前者与荧光粉的种类有关，后者与电流密度的大小、气体的种类及气压的高低有关。

光线能否使植物进行光合作用，主要考虑的也是光谱的分布。植物光合作用主要靠可见波段的光来进行，波长 390 ～ 410 nm 的紫光可活跃叶绿体运动，波长 600 ～ 700 nm 的红光可增强叶绿体的光合作用。因此，只要含有这个频谱的光就可以使植物进行光合作用，即人造光是可以使植物进行光合作用的。当然，为了植物的健康生长，我们还是不要用激光来使植物进行光合作用啦！

◆◆◆

16.平面镜成像，为什么是与实物左右颠倒而不是上下颠倒？

这是一个文字游戏。找一面镜子站在前面，镜子中你的头对应你的头，你的脚对应你的脚，你的左手对应你的左手，你的右手对应你的右手，两只手并没有颠倒过来，凭什么说镜像是左右颠倒的？不对！左手分明对应的是镜子里的右手啊！这是因为你对左右的定义有偏差。现在请我们把两只手换一种命名方式。请你用自己的左手狠狠打自己一巴掌，并把这只手重新起名为"坏手"，一定很疼吧！再用你的右手揉一揉，这只手改名为"好手"。你看我没有骗你，镜子里的"坏手"和"好手"与镜子外也是对应的。虽然挨了一巴掌，你一定还是很迷惑，为什么镜子里的"好坏手"左右颠倒了呢？接下来请让我道明真相：镜子里颠倒的既不是上下也不是左右，而是前后。

镜子里的你是和镜外的你面对面的，两者的前后是反着的。因此，如果你以这个前后颠倒的人为基准命名他的左右手，那么你命名的左右就是错误的！这就是"左右"的文字游戏。很抱歉让你挨了一巴掌才告诉你真相，那么假设现在你又被旁人扇了一巴掌，扇到原地转圈，请注意看：你是顺时针转动的，而镜子里的你呢？恰好相反。别急，不是说镜子里的转动都是反的，拿别的什么东西转一转，让转轴垂直于镜子。看，这次镜子里的旋转与外面的相同。也许你又会说了，镜子里的旋转分明是相反的。我再强调一次，顺逆时针也是一个文字游戏，别忘了在镜子里前后是反的，因此定义顺逆的时候站的角度也不对，你还是要从你的视角来看。要更严密地用数学解释这些问题，你可以查一下这几个关键词："极矢量""轴矢量"。

◆ ◆ ◆

17. 为什么烤火炉时不用涂防晒霜呢？

首先我们要知道皮肤被晒黑的原因：当皮肤受到紫外线的刺激时，黑色素细胞中的酪氨酸酶被激活，促进了黑色素（可以对皮肤进行一定的保护）的生成，皮肤自然就变黑了。其中的关键因素是太阳光中的紫外线（UVA、UVB等），因此防晒霜是通过反射、散射或者吸收紫外线来达到不让皮肤晒黑的目的的。但是日常生活中的火焰或是取暖器，其中的紫外波段的辐射几乎没有，它主要是通过红外线辐射的方式把热能传递出去，使我们感受到温暖的。所以烤火时大可不必涂防晒霜，但要注意适当的保湿，以防止烤火过度导致皮肤干燥。

◆ ◆ ◆

18.运动手环测心跳用的是什么工作原理？

目前运动手环多数是通过测量反射光来监测心跳的，具体过程如下：手环将一束光打在皮肤上，当心脏泵血时，血管中充满血液。血液倾向于吸收绿光反射红光，因此心脏在收缩和舒张时会产生颜色不同的反射光，手环正是通过检测这些反射光来记录心率的。

可以看出想要有效使用手环监测心率需要正确佩戴才行，不能有漏光，还要保证佩戴处血流通畅。

◆ ◆ ◆

19.为什么两个影子靠近时会相互吸引？怎么确定是谁吸引谁呢？

影子相互"吸引"的现象，主要是由半影效应导致的。大家生活中常见的光源，往往都不是理想的点光源，如太阳、烛火、日光灯等，都是具有一定大小的。因此，地面附近物体的影子，通常可分为两个区域：中心部分太阳光完全被遮挡，看起来最暗，称为本影；边缘附近，只挡到太阳光的一部分，形成模糊的明暗过渡区，称为半影。

从地球上看，太阳视角略大于$0.5°$，从而离地1 m的物体半影宽度接近1 cm，肉眼明显可见。当两个物体相互靠近时，半影接近并重叠，重叠部分比普通半影更暗；越是靠近，其暗度越接近本影，从而看起来像是两个影子相互"吸引"并连接在一起的。至于"谁吸引谁"，依前述分析看，这个"吸引"效果是两者共同形成的，不存在谁主动谁被动的问题，要研究的话其实也可以，但是得先给吸引方向下个较为明确的定义。

此外，如果你用细长的日光灯做实验，还会发现平行和垂直于日光灯的两个方向上，影子吸引的程度也有所不同，这其实就是因为半影区域的大小与光源在相应方向上的尺寸有关。值得一提的是，由于眼睛对亮度的感知具有一定的非线性效应，我们会将中间半影重叠区的亮度进一步低估，从而增强这种"吸引"感。当然，这是另一个话题了。

◆ ◆ ◆

20.地铁里检测液体的仪器运用了什么原理？

地铁里检测液体的仪器原理主要可以分为三种。

1.拉曼光谱法。仪器发射单束激光到液体中，测量液体散射的光，利用其产生的化学指纹确定液体的成分。这种方法适合于透明液体的检测。

2.荧光淬灭技术。利用了分子印迹荧光聚合物传感技术，正常状态下这些聚合物传感材料在紫外线下发出荧光，但是如果有炸药分子吸附到传感材料上面，荧光会迅速淬灭被仪器检测到，灵敏度很高。

3.GPR（Ground Penetrating Radar）探地雷达技术以及介电常数和电导率检测。已知介质对微波的吸收与介质的介电常数成正比，我们可以利用此特性，通过判断液体的介电常数判断其类别。

此外，对于一些金属容器还可以利用X射线方法等。

◆ ◆ ◆

21.为什么有些厚玻璃从侧面看是墨绿色的呢？

玻璃之所以显绿色，是因为内部掺入了亚铁离子，不同价态的不同金属元素的掺杂也会产生不同的颜色，这和元素的光谱特征相关。

我们这里主要解决的是，为什么掺杂微量亚铁离子的玻璃，从正面看远不及从侧面看，表现出的墨绿色更明显。这就要介绍一下化学分析中常涉及的光吸收的基本定律：比尔-朗伯定律。当一束平行单色光垂直通过某一均匀非散射的吸光物质时，其吸光度与吸光物质浓度及厚度成正比。我们现在假设玻璃中主要掺杂成分就是亚铁离子，而玻璃本身是透明的，所以吸光物质主要就是微量杂质亚铁离子，那么很明显，厚度越大，吸光度越大，也就越发绿了！

电 ⊕ ⊖ 学 篇

01.手指能滑动手机屏幕,有些东西却不能。什么样的材质才能滑动手机屏幕呢?为什么手机屏幕上有水滴时会发生触屏失灵的现象?

现在绝大多数智能手机屏幕采用的都是电容式触摸屏,当手指触摸在金属层上时,由于人体有电场,手指和触摸屏表面会形成一个耦合电容。对于高频电流来说,电容是直接导体,于是手指从接触点吸走一个很小的电流,这个电流分别从触摸屏的四角上的电极中流出,并且流经这四个电极的电流与手指到四角的距离成正比,控制器通过对这四个电流比例的精确计算,得出触摸点的位置。因此,只要利用的材质能和手机屏幕形成电容就行,如苹果皮、西瓜皮、香蕉皮等导体都能滑动手机屏幕。绝缘体如厚纸张、塑料、橡胶等是不行的。

此外,当手上沾了太多水时去触摸屏幕,由于屏幕上会产生太多感应位点,无法计算出准确的触碰位置,因此会产生触控漂移的现象,屏幕也就不灵敏了。

不过,随着技术的进步,防水手机已经上市,目前能带水操作的手机可以通过增强信号处理精度以及提高刷新频率来分辨手指和水滴形成的导电面的细微差别。这样,即使在水里也可以通过触屏操作手机了。

◆ ◆ ◆

02.手机是如何测剩余电量的?

手机剩余电量已经成为我们出门前必须要检查的数据。那么手机是如何知道电池剩余了多少电量呢?其实在电池的内部有一个电量计,用于指示可充电电池中的剩余电量以及在特定工作条件下电池还能持续供电的时间。测量剩余电量主要有以下三种方法。

电压测试法:电池的电量是通过简单地监控电池的电压而得来的。这种方法相对来说比较简单,但是电池的电量和电压不是线性关系,所以这种测试方法并不精准。

电池建模法：这个方法是根据电池的放电曲线来建立一个数据表，数据表中会标明不同电压下的电量值，这一方法可以有效地提高测量的精度。但要获得一个精准的数据表并不简单，因为电压和电量的关系还涉及电池的温度、自放电、老化等因素。只有结合了众多的因素来进行修正才能够得出较满意的电量测量。

库仑计：库仑计是在电池的正极和负极串入一个电流检查电阻，当有电流流经电阻时就会产生Vsense（可以理解成一种电压），通过检测Vsense就可以计算出流过电池的电流。因此可以精确地跟踪电池的电量变化，精度可以达到1%。另外，Vsense通过配合电池电压和温度进行检测，就可以极大地减少电池老化等因素对测量结果的影响。iPhone就是采用这一方法。

◆ ◆ ◆

03.手机是怎样计算行走步数的？

现在的智能机普遍配备了加速度计、陀螺仪、指南针等传感器，这些传感器在手机发生移动的时候会收集数据传给手机上的操作系统进行分析。手机里边的加速度计是一个不断振动的微机械摆件，通过测量外界加速度对振动的影响来测量手机的加速度。操作系统拿到这些数据之后，会通过算法对传感器的数据进行识别，如人在走路或者跑步的时候，加速度计会测到一定范围内的周期信号，因为手机不是固定的，所以会有很多其他的移动造成的噪声信号。通过滤波算法去掉那些噪声信号之后，再分析信号的振幅和频率，手机会把一秒几次的信号当作走路的信号来计算所走的步数。一般手机都是从几个周期以后开始计数的，所以一般来说比实际的步数要少一些。

另外，手机加入磁传感器之后，手机的指南针功能也有大幅的提升，早期的智能机地图的指向几乎是瞎指，磁传感器是通过测量地磁场来进行方向识别的。虽然地磁场比较微弱，但是基于现在强大的传感器技术，手机上的磁传感器能够轻易测出地磁场的方向来确定方向，这要归功于霍尔效应的发现。手机在不同的方向上分别测量磁场强度，即可找到地磁场的指向，从而辨别方向。

◆ ◆ ◆

04.为什么冬天的时候裤子上会带电，电荷是从哪里来的？

这不正是摩擦起电吗？还记得刚开始学电学的时候，我们就学过"用丝绸摩擦过的玻璃棒带的电荷是正电荷，用毛皮摩擦过的橡胶棒带的电荷是负电荷"。

至于电荷的来历，我们知道，物质都是由原子组成的，而原子内有带负电的电子和带正电的原子核。摩擦过程中发生电子转移，使一物质电子增多（带负电）而另一物质电子减少（带正电）。当积累的电荷比较多，突破临界电压时，物质就会出现放电现象。人类正是从摩擦起电开始来认识电现象的。裤子上带电，多半也是在穿或者脱裤子的时候，才会看到比较剧烈的放电现象，因为这个时候的摩擦最剧烈。

比较有趣的是摩擦是不分季节的，但为什么静电现象在冬天会比较常见呢？主要有两方面原因：一是冬天外套含有大量化纤成分，这些物品与毛制品摩擦更易起电；二是冬天空气干燥，而夏天空气湿润。湿润的空气会使衣服也相应湿些。湿润的空气和衣服利于电荷转移，电荷积累不到一定的数量，电压不够，是不会出现放电现象的。

◆ ◆ ◆

05.打火机上的电打火器运用了什么原理？

现在市场上的打火机主要采用压电材料接受较大压力产生大量电荷聚集然后放电来点燃燃气。当对压电材料施以物理压力时，材料体内的电偶极矩会因压缩而变短，此时压电材料为抵抗这个变化会在材料相对的表面上产生等量正负电荷，以保持原状。这种由于形变而产生电极化的现象称为"正压电效应"。优良的压电材料可以瞬间在两端聚集大量的电荷从而产生高压放电来点燃燃气，实现从弹性势能到电能的转换。

◆ ◆ ◆

06.为什么带电物能吸引轻小物体？

　　生活中我们常会发现带电物体能够吸附轻小物体，这个过程利用了静电吸附的原理。很显然，如果轻小物体带有与带电物体相反的电荷，根据库仑定律，我们知道它们之间具有一定的吸引作用。但如果轻小物体不带电荷，它们之间的吸引力又是如何产生的呢？由于轻小物体的组成分子可能是极性分子和非极性分子，现对两种情况分别进行分析。对于极性分子，分子正负电荷中心不重合，在带电物体的电场作用下，同性相斥、异性相吸，极性分子呈现一定的取向，与带电物体电荷相反的一端远离带电物体，吸引力大于排斥力，表现为吸引作用。对于非极性分子，同性电荷受到电场的排斥作用，异性电荷受到电场的吸引作用，其正负电荷中心在电场的作用下分离，诱导出极性，根据和极性分子一样的分析，我们可以得到总的吸引相互作用。

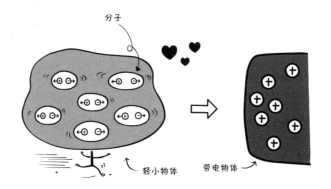

07. 高考的考场内是如何做到信号屏蔽的呢?

我们首先来看如何对手机信号进行屏蔽。一般来说,手机信号频段是相对固定的,而且都与附近的基站进行通信,那么要屏蔽手机信号,只要做到在手机的频段内发射比手机信号强得多的噪声信号,使手机无法与附近的基站进行通信(类比到声音上,就是相当于放一个特别吵的噪声源,两个人互相之间就听不清对方在说什么了),就可以实现对手机信号的屏蔽。实际上这也是战场上常用的电磁干扰的方式,在特定频段的干扰会导致依赖这一频段的无线通信电子设备失去战斗力。著名科幻小说作家刘慈欣曾经写过一部《全频带阻塞干扰》,里面就有类似的情形,如果大家感兴趣可以看一看。

除了手机,还有一些电子设备使用的频段比较特殊,针对这一情况,一般考场还会有来回巡视的信号检测器,可以检测到很宽频带上的信号,一旦检测到就会严加调查。

◆ ◆ ◆

08. 冬天时手机为什么更费电?

首先,我们来解析一下题目:冬天时手机真的会更费电吗?其实不然。我们所能说的只是充满电的手机在冬天可以使用的时间更短。出现这种情况并不一定是因为手机消耗了更多的电能,也有可能是因为电池无法提供足够多的电能。

事实是,冬天手机的运行并不比夏天费电,甚至更省电。冬天手机不耐用的原因是电池性能的下降。现在手机普遍使用锂电池,它通过化学反应产生电能。电池标称的容量一般是在25℃的环境下测得的。在低温情况下,电池内化学原料的反应变得不彻底,在极低温情况下,电池内甚至会结晶。所以尽管充电的时候储存了足够多的电能,但是在使用的时候并不能彻底地释放出来,这也就给人造成了冬天时手机更费电的错觉。另外，有些手机出于保护机器的目的会设置为在低温下自动关机。

◆ ◆ ◆

09.打开小风扇，把扇叶捏住让它不要转，那么它还会继续消耗电吗？

小时候我喜欢玩四驱车，每次我让车跑之前都会先打开开关，然后把车按在地上让它不动，接着松手，走你。结果是我的四驱车往往没玩几天就跑不起来了，换电池也没有用，拿去商店找老板修理，老板说它的马达烧了……

风扇叶的马达、四驱车的马达都是电动机，电动机是把电能转换成机械能的一种设备。电动机的原理是通电线圈产生旋转磁场并作用于转子，形成磁电动力旋转扭矩。从能量的角度来考虑，接在电动机上的电源提供的电能大多数都被转换成了机械能，而当电动机被卡住无法转动时，这些电能就无法转换成机械能，而全部转换成了热能，因此电动机温度就会过高。所以捏住扇叶不让风扇转不仅不会节省电能，还会让电动机被烧坏。

从电磁学的角度来分析，线圈在转动时会产生一个感应电动势，其方向与电源的电压方向相反，因此施加在导体线圈上的电压较小，产生的热能就少。当线圈停止转动后，施加的电压就是电源电压，因此通过线圈的电流会大幅增多，产生更多的热量，进而烧坏电动机。

电动机都会有散热设计，在正常工作时很难被烧坏，一旦发现卡住不转了就要立刻切断电源。

◆ ◆ ◆

10.油罐车后面那条铁链有什么用？

在路上，我们会看到一辆油罐车后面拖着一条"尾巴"，有时是铁链，有时是看似橡胶的链子，它们的共同特点是都导电。加这条链子就是为了防止静电带来的危害。

我们知道在我们周围的环境中经常会产生静电，像油罐车这样各种部件以及与地面、空气之间经常摩擦的体系，静电的产生几乎不可避免。而静电积累到一定的程度就会形成电火花，电火花很可能会将油料点燃形成事故。而"尾巴"的存在可以将静电及时导走以避免危险的发生。

导出电荷

◆ ◆ ◆

⑪.为什么远程输电要用交流电呢?

根据焦耳定律，当电流 I 通过电阻值为 R 的电阻时会产生热量，产生的热量为 $Q=I^2Rt$。即电流通过导体产生的热量跟电流的二次方成正比，跟导体的电阻值成正比，跟通电的时间成正比。

电线存在电阻，因此输电的时候就会发热损耗一部分能量，电线越长损耗的能量就越多。从公式来看，降低 R 或者降低 I 都可以减小 Q。对于降低 R 来说就是选择合适的电线材质。

发电厂发出的电功率（P）是一定的，它取决于发电机组的发电能力，根据 $P=UI$，若提高输电线路中的电压 U，那么线路中电流 I 一定会减小，因此能量损耗就小。早期制造高压直流电比较困难，而交流电在技术上要容易很多，因此就一直在发展高压交流输电。事实上，高压直流输电具有很多的优点，具有很好的发展前景。

12.交流电、直流电可以互相转化吗？如果可以，怎样转化？

先讲交流电转化为直流电，就是我们常说的整流器。整流器，其组成单元就是二极管（如稳压的PN结）和导线（这里我们不提及晶闸管整流器）。二极管有一个特性就是，沿着一个方向元件电阻很小，沿另一个方向电阻极大。整流器的基本原理就是利用二极管（正向电压导通，反向电压截止的原理）得到直流。整流电路分为半波整流、全波整流以及倍压整流等。这里就不一一赘述了，有兴趣的读者可以搜索相关资料。整流器在我们日常的家用电器中随处可见。

反之，将直流电转化为交流电的装置称为逆变器。既然电源是直流电，那么一个很简单的想法就是让电流有频率地正反向输出就能得到交流电啦，这也是逆变器的原理。生活中逆变器的应用有变频空调、电动汽车等。

◆ ◆ ◆

13.食盐水导电到底是物理变化还是化学变化呢？

食盐水导电是化学变化。生活中常见的导体有两类，一类是电子导体，另一类是离子导体。电子导体是依靠电子移动来实现导电的，载流子包括电子和空穴，如金属、半导体等。离子导体是依靠离子迁移来实现导电的，包括电解质溶液（食盐水）、熔融电解质、固体电解质等。

把电源外电路的导线（包括电极）和食盐水作为研究对象，可以发现，它们同时包含了电子导电和离子导电过程，化学反应就发生在两者互相转化的界面上。电子传导至阴极时，无法单独进入水中传导，而是会和在电场作用下迁移到阴极附近的氢离子结合，氢离子得到电子，变成氢气，发生的是还原反应，由电子导电变成离子导电。阳极同理，在电场作用下氯离子迁移到阳极，氯离子失去电子，发生氧化反应，生成氯气，而失去的电子进入阳极参与导电，由离子导电变为电子导电。

总之，离子导体和电子导体串联后，两类导体界面就必然有得电子和失电子的反应发生，即一定会发生电化学反应。这也带出了电化学的定义：研究电子导体和离子导体形成的带电界面现象及其上所发生的变化的科学。

◆ ◆ ◆

14. 金属探测仪的原理是什么？

金属探测仪利用了电磁感应的原理。当通有交变电流的线圈靠近金属物体时，线圈产生的变化磁场会使金属产生涡流，涡流又会产生磁场，反过来影响线圈的磁场，进而引发探测器发出蜂鸣声报警。

考场中使用的手持式金属探测仪只有一个线圈。一些用于其他场景的金属探测仪有两个线圈，分别是发射线圈和接收线圈。顾名思义，发射线圈的作用是产生变化的磁场，接收线圈则屏蔽了发射线圈的磁场而只接收金属中涡流产生的磁场。

从金属探测仪的原理中可以发现，只有导电性强的物质（如金属）才能被探测出来，并且金属探测仪无法分辨出金属类型及其形状大小，因此火车站和机场还会让大家的行李过安检传送带，这应用的是射线检测。

热学篇

01. 为什么保温杯装热水后会变得很难打开？热胀冷缩，不应该更容易打开吗？

阻碍你拧开保温杯的是杯子和杯盖螺纹之间的摩擦力，这个摩擦力和螺纹表面的状态以及杯盖上的压力有关。把热水灌入保温杯之后，杯子确实发生了热膨胀，不过此时杯子内的压强近似于大气压。盖上盖子后，盖子就截断了杯子内的气体和大气的连通。慢慢地，杯子里的水温开始降低（无论多好的保温杯都不可能保持杯内水温一直不变），这时杯子里的气压就会慢慢变小，也就是小于大气压。所以盖子就会受到向下的净压力，这个额外的压力会增加杯子和杯盖螺纹之间的摩擦力，再加上净压力本身就会阻碍拧开杯子，所以保温杯就变得难以打开。

◆ ◆ ◆

02. 为什么保温杯装进烧开的水，盖上盖子后摇晃一下，会有大量热气喷出来甚至顶开盖子？

开水倒入保温杯后，虽然杯中的空气会变热，但是还没有完全达到开水的温度。当你把盖子盖上摇晃之后，开水和杯中空气充分接触会把气体进一步加热，加热的空气体积膨胀。当你再一次打开杯子时就会有热气喷出甚至顶开盖子。其实就算是不摇晃只要放置一会儿依然会出现喷出气体的现象。如果你放置时间特别长，长到水都冷了，气体体积也会收缩，这时打开盖子会吸入气体。

◆ ◆ ◆

03. 为什么暖气上方的白墙会被熏黑？

大家都见过，暖气片用久了以后会在墙面上形成一道道痕迹，这是为什么呢？因为暖气工作时会在周围产生热空气，热空气比冷空气轻，所以就会向上飘，热空气上升就会产生低压区，这需要附近的冷空气来填充。这个过程的整体效果是在室内产生了气流。气流会带动室内的灰尘,当灰尘和墙壁碰撞时就有可能吸附在墙壁上形成一道道痕迹。

•••

04.车窗玻璃边缘为什么会有黑色的小圆点,有什么作用?

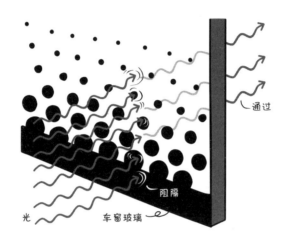

很多车窗边缘都有一些小黑点,而且越往里越小,直到消失。这些小黑圆点的作用是在夏季和冬季保护车窗玻璃不因温度变化而受损。因为车窗玻璃是用胶固定在汽车的金属框架上的,炎热的夏天车窗玻璃被暴晒后,车窗玻璃与金属边框接触的边缘部位也会随之升温和膨胀。但是,车窗玻璃中间的位置是透明的,有透光性,吸收的热量比周围边缘要少很多,所以中间部分的温度就比四周低,这就很容易让玻璃四周和中间部位的膨胀程度不同,给玻璃带来炸裂的隐患。夏天如此,反之冬天亦然。车窗边缘的小黑点就是用来解决这个问题的。

小黑点从边缘位置向中间逐渐变小,形成一个吸热能力的过渡,从而使热膨胀在一定距离上缓慢变化,保护车窗玻璃不会破裂。

05.空调是怎么吹出冷气的?

首先介绍两个生活中常见的现象:液体在汽化变成气体时体积会膨胀并吸收热量,如水蒸发;加压可以促使气体液化并释放热量,如液化气在钢瓶中通过高压液化。空调正是基于这两个现象的原理进行制冷的。空调的核心部件是压缩机,压缩机将内部的液体(比如氟利昂)运送到和室内空气接触的部位,液体吸热蒸发带走室内的热量。接下来,压缩机将蒸汽运送到室外的热交换机处并对其加压使它液化并释放热量,外机风扇会加速这些热量扩散到室外空气中,这也是空调外机吹出热风的原因。当压缩机完成液化和放热后,液体重新被送去吸收室内的热量,如此往复就能实现将室内热量搬运到室外的功能。

有读者可能会问:"热量不是不能从低温物体传导给高温物体吗?"事实上,热力学定律要求的是热量不能自发地从低温物体传递给高温物体,而在空调的例子中,压缩机需要一直对传热介质做功,所以整个过程并不是自发的,当然也不违背热力学定律。

◆ ◆ ◆

06.为什么空调要分制冷和制热呢? 如果冬天开制冷二十几度不也会暖和吗?

空调里边有压缩机与制冷剂,压缩机可以将制冷剂压缩成液体,这一过程是放热的,而制冷剂汽化是吸热的,制冷剂不断循环,从而使空调持续工作。制冷的时候是从室内吸热,把热量排放到室外,而制热的时候则是从室外吸热,将热量排放到室内,因此空调吹出的风总和排出去的风冷热相反。

空调的制冷和制热是两个方向相反的循环,也就是说只要是制冷,就一定是从室内吸热而将热量排放到室外,因此制冷的温度设定再高也不会吹暖风,事实上如果设定的制冷温度比环境温度高时压缩机就停止工作了,即空调变成了风扇。

07.夏天车被暴晒后，如何快速降温？

铁的比热容比较小，约为460 J/（kg·℃），水的比热容约为4 200 J/（kg·℃），即相同质量的铁和水在吸收同样多的热量时，若水的温度会升高1℃，铁的温度则会升高9℃。因此，在太阳下暴晒时车皮的温度很快就升高了，尤其是黑色的车。车皮的导热性很好，会把热量传递给车内的空气，因此车内的温度就比较高。我们觉得车内温度高，其实并不是因为车皮的温度高，而是车内的空气温度高。热传递的速率远没有空气流通的速率高，因此给车内有效降温的方法并不是降低车内空气的温度，而是将车内的高温空气排出去，让外界相对低温的空气进来即可。我们可以这样做：先打开车门让车内透气，如果着急的话就打开3个车窗，或开处于对角线的车窗，然后开动汽车，则车内的温度很快就下降了，此时再关闭窗户打开空调即可。

◆ ◆ ◆

08.喝粥时从边缘喝起，不会太烫，但是中心温度很高，这是什么原因呢？和水表面张力有什么联系吗？

这个问题涉及传热过程。传热主要有三种方式：对流、接触和热辐射。我们喝的粥，它的流动性比较差，所以我们可以忽略粥里的对流传热。另外，粥的表面会形成一层膜，我们也忽略掉蒸发的影响，热辐射就更不在考虑之中，剩下的就是接触传热。很明显，粥最终是向空气传热的（无论是否通过碗），边缘的粥直接和碗壁接触并直接向外界传热，效率比较高（温差大）。内部的粥只能直接向更外部的粥传热，这样的传热效率要低很多，因为温差很小。这么看，边缘的粥更容易变凉。如果我们对杯子里的热水进行分析，就会发现边缘的热水凉得快，但是并没有粥表现得那么明显。因为水的流动性比较好，对流传热让整杯水保持温度近似相同。

•••

09.夏天的时候可以打开冰箱来给房间降温吗？

冰箱的制冷是通过制冷剂来完成的，压缩机先将制冷剂压缩，随后制冷剂膨胀吸热，降低冰箱内的温度，然后再被压缩，以此循坏。制冷剂相当于把冰箱内的热量搬到了冰箱外边，而冰箱和空调不一样，冰箱全部处于室内，因此排到冰箱外的热量自然就释放到房间里了。压缩机工作也会产生热量，因此实际上冰箱排出来的热量要比吸收的多。所以打开冰箱门并不能给房间降温，反而会令房间升温。

•••

10.自热火锅是怎么产生热量的？

自热火锅产生的能量本质上是化学反应产生的热量。暖宝宝中的物质主要是铁粉，打开密封包装以后，空气中的氧气与铁发生氧化还原反应，也就是铁生锈，慢慢放热。而吃火锅要来快的，就要用石灰粉（生石灰，CaO），加水之后生成熟石灰[Ca(OH)₂]，这个放热更剧烈，可以快速加热食物。

◆ ◆ ◆

11.为什么泳池里的水总是有的地方二十五六度，有的地方十七八度？说好的热平衡呢？说好的无序运动呢？

平衡不是平均，只是一种稳定。如果泳池有加热源，靠近加热源的地方更热一些，热量不断从热源到高温水域再到低温水域再散失到空气中，所以温度永远是热源＞高温水域＞低温水域＞空气，这样才能平衡。

◆ ◆ ◆

12.水的沸点就是水的最高温度吗？

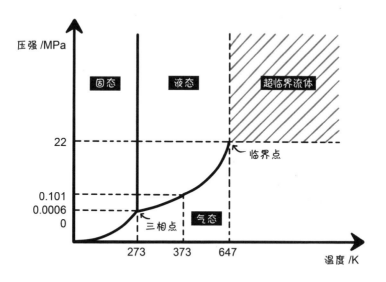

一般情况下，液态水最高的温度是沸点，因为水在沸点会发生相变变为气态，温度高于沸点时只能以气态存在。水的沸点并不是一成不变的，我们常说的水在100℃沸腾实际上是在标准的大气压的情况下。沸点是液体的饱和蒸气压与外界压强相等时的温度，因此在海拔高的地方气压低，水不到100℃就沸腾了，而高压锅里的水则可以达到100℃以上。不断地加温加压，水会越过临界点变为超临界流体。此时水的状态既不同于气态，也不同于液态，它的密度比气体要大两个数量级，与液体相近，但黏度却比液体小，很容易扩散。

另外，水的沸腾需要一个条件，即需要水中有微小气泡或容器壁表面有微小气泡或是容器表面极其微小的裂纹中有空气，否则极易形成过热水。过热水就是在本该沸腾的温度却没有沸腾的水，此时水的温度可以高于沸点。不过，过热水对水的纯度要求极高，一般不容易形成。

◆ ◆ ◆

13.摩擦是如何产生热量的?

摩擦，如双手摩擦，是一种做功的方式。W（功）$= F$（力）$× s$（距离/位移），在力的方向下产生位移，完成做功。由热力学第一定律可知：能量既不会凭空产生也不会凭空消失，它只会从一个物体转移到另一个物体，或者从一种形式转化为另一种形式，而在转化或转移的过程中，能量总量保持不变，即能量守恒定律。放在这个具体例子中就是摩擦做的功转化为热量从系统中耗散出去，就是所说的摩擦产生热量。

◆ ◆ ◆

14.我们说温度是分子运动产生的，如果把一个瓶子里的空气抽干，那么里面的温度是怎么样的?

事实上，"温度是分子运动产生的"这个说法是不准确的。温度是一个统计意义上的物理量，表征一个系综的能量大小。它不只适用于原子分子系统，也适用于光子系统，也就是说一个由各种频率的电磁波组成的统计系综，也可以定义温度。因此，即使一个瓶子里的空气被完全抽干了，其内部也会有各种频率的电磁波。瓶子内壁通过辐射和吸收这些电磁波，与内部电磁波系综相互交换能量，最后达到热平衡状态，温度与瓶子内壁温度一致。

◆ ◆ ◆

15. 干冰扔到水里以后出现的大量白雾是怎么形成的？

干冰实际上就是固态的二氧化碳，由于干冰升华时需要吸收大量的热，大量热量的散失会造成局部的气温迅速下降，使得周围空气中的水汽凝结成小水滴。因此，我们看到的雾实际是空气中的水蒸气凝结成的小水滴，而非水中的。这个过程和夏天我们吃雪糕时看到的白烟是一样的。

◆ ◆ ◆

16. 为什么细菌不能通过低温杀死，却能通过高温杀死？

我们知道，生物是一个动态的热力学体系，它在进行着各种各样复杂的生化反应，而这些反应离不开各种各样的蛋白质参与。蛋白质的结构与功能是生物体正常发挥其机能的重要保障。从热力学角度来看，温度越高，分子的无规则热运动就越强，能量越高；温度越低，则能量越低。从稳定的角度来看，分子处于低能级时要比高能级时稳定。因此，当温度升高的时候，蛋白质的结构就会变得不稳定，进而失活，而低温并不会让蛋白质失活，事实上蛋白质的保存就是要放在低温状态下，如保存在-80℃的冰箱，或者保存在液氮中。

另外，当环境变得不适宜生存时，有些细菌可以形成芽孢，芽孢是细菌的休眠体，当条件变得适宜之后，这些细菌会再次复苏。所以通常来说低温并不能杀死细菌，但在特殊的情况下低温也是可以"杀死"细菌的：如果细菌内的水分很多，在快速冷冻的时候那些水还来不及排出，则结冰形成的冰晶可能会对细菌的细胞结构有一定的破坏作用，从而杀死细菌。

17.为什么气温回升，地上的雪都化了，堆起来的雪人却没化？

雪会化是因为它通过各种渠道吸收到了热量，热量的传递对于不同介质来说效率是不同的。雪的比热容是很高的，是水的一半，而水是比热容最高的物质之一。因此，想让雪的温度升高到熔点还是需要很长时间的，所以雪本身就不是特别容易化的。

地上的雪会和地面之间进行热传递，通常地面的温度要比雪高，再加上雪比较薄，因此当气温回升或者太阳长时间照射后雪就会化掉。而对于堆积起来又高又厚的雪人来说，它的密度比天然的积雪要大，因此外部的雪开始化时内部仍能在很长时间内保持低温。事实上雪被挤压之后的绝热效果还是很不错的，因此才会有雪屋的存在。

另外，雪人在融化时是不均匀的，并不是由外而内一点点化掉的。当融化掉一部分之后，间隙被导热性很差的空气填充之后就会较长时间地维持这一状态。比如有些雪或者冰实际上并不是和地面直接接触的，它们之间存在一层薄薄的空气，这是因为雪与地面直接接触的时候热传递快，容易化，而融化掉一部分后空气进去了，空气的导热性差，因此化得慢。所以即便雪人从外表上看似乎没有化，但其内部其实已经不饱满了，有很多微小的空洞。

◆ ◆ ◆

18.为什么在夏天水泥地比草地热？

这可以从热量的吸收和释放两个方面来考虑。绿色植物叶子中的色素主要是叶绿素和类胡萝卜素，吸收蓝紫光和红光，而绿光则被反射了。因此，相比于水泥地，草地吸收的太阳光要更少，相应获得的热量也少了。

另外，水泥地的比热容比较小，如C30混凝土在25℃下的比热容是970 J/（kg·℃）［水的比热容大约是4 200 J/（kg·℃）］。在阳光的照射下，水泥地升温快，温度也高。而草有蒸腾作用，水分的蒸腾可带走大量的热，再加上草地下的泥土比较湿润，比热容比混凝土大，这样使得在同样的阳光照耀下，水泥地的温度比草地高，我们自然就感觉水泥地比草地热了。

◆ ◆ ◆

19.过冷水为什么不会凝结？

水结冰，需要两个过程，一是冰核形成，二是冰晶生长。当然，这两个过程都需发生在温度低于熔点的时候。当水的温度低于熔点时，水并不会立即结冰，它还需要冰核。污染物和颗粒可以作为冰核，所以不太干净的水总是更容易结冰。在非常洁净的水中，便需要水分子自身形成冰核。由于水独特的热力学性质，在没有涨落的情况下（静置），没有水分子愿意率先"组队"当这个"出头鸟"，没有冰核，冰晶就不会生长，也就不会结冰了，因此，虽然温度很低，但不结冰，水处于过冷状态。

◆ ◆ ◆

20.高压锅煮饭为什么快？

煮饭的本质是将食物跟热源进行热交换作用。在煮饭时，将水和食物混合加热，通过水导热到食物当中，将食物做"熟"。液体沸腾时其沸点是液体饱和蒸气压等于外界压强时的温度。在标准大气压下水的沸点是100℃，但是在高压锅中，由于人为制造了一个密闭的空间，使得锅内压强高于正常大气压，从而水的沸点可以超过100℃，因此，在水将食物加热到更高的温度时，煮饭的速度也就更快了。

◆ ◆ ◆

21.沸石是如何防止暴沸的？

像水结冰一样，水在沸腾的时候也需要核心：汽化核。

　　一般来说，水中的杂质和小气泡起着汽化核的作用。当温度高于沸点时，水会围绕汽化核进行汽化并形成气泡，这就是沸腾。当水中缺少汽化核时，即便水温超过沸点几十度，水也不会沸腾，这就是过热水。如果这时候突然引入了汽化核，由于现在温度已经超过了沸点，水会围绕汽化核剧烈沸腾造成水滴四溅并伴有爆裂声，这是非常危险的。

　　所以，不论是在实验中还是工业中都会采取措施来防止液体暴沸。加入沸石就是其中一种办法：沸石具有大量的孔状结构，这里面可以储存很多空气，在水中可以释放出大量的小气泡来充当沸腾的汽化核。所以，这样就可以保证当水温达到沸点时水就可以及时沸腾，避免产生过热水，也就不会产生暴沸了。

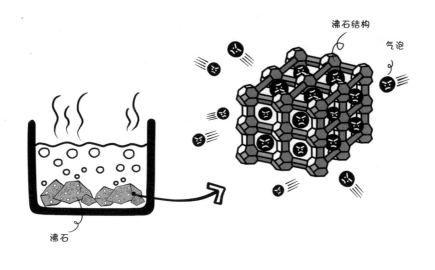

沸石结构

气泡

沸石

◆ ◆ ◆

22.为什么夏天楼道里比外面凉快许多？

　　太阳光的成分除了可见光外还有红外线、紫外线，它们都可以传递能量，夏天的太阳光强烈，被太阳照会比平时觉得更热，同时，暴露在阳光下的地面会吸收部分太阳光，地表温度可达60℃以上，空气也会被加热，这便是太阳直射下觉得热的原因。

楼道里由于有墙的遮拦，阳光要弱许多，因此楼道里的空气、地面吸收的太阳光就少，故而温度比外边要低，干燥的空气导热性很差，所以阴凉处的空气能长时间维持相对低的温度，加上人也没有被太阳光照射，因此就觉得凉快。如果空气的湿度大的话，那么导热性就会上升，水的比热容很大，所以湿润的空气温度上去了不容易降下去。另外，如果空气湿度大的话，人身上的汗就不容易蒸发掉，汗的蒸发是人体散热的重要途径，故而在南方潮湿的城市阴凉的体验感要下降。

杂

学

篇

01.为什么洗洁精要把水和油融合在一起才能洗掉油渍?

油渍粘在衣物上后,会渗入织物纤维里,一般方法很难将油渍和纤维分离开。我们常用的办法就是用洗洁精去清洗被污染的衣物。不过油渍不仅可以用洗洁精加水清洗,也可以使用不含水的化学溶剂清洗,这就是干洗。但是归根到底,两种清洗方式的原理是相似的:干洗是用无水溶剂溶解污渍,并将污渍带走;水洗,虽然油渍不会直接溶于水,但是在洗洁精的帮助下,油渍就会进入水里,而水会将油渍带离衣物表面,这就达到了清洁的作用。

可以看出,两种办法都是通过令污渍脱离衣物然后用溶剂(化学溶剂或者水)把污渍运到衣物之外来清理污渍的。可以想象,如果没有水的帮助,即便使用了洗洁精,油渍也会依然留在衣服上无法清理掉。

◆ ◆ ◆

02.橡皮擦铅笔字是怎样一个过程?

要理解这个问题,我们需先了解橡皮擦和铅笔芯的主要成分是什么。

古希腊罗马时期人们使用铅棒写字,14世纪开始出现类似现在的铅笔,目前市面上卖的铅笔的芯主要是石墨和黏土按一定比例混合制成的,分别用H和B来描述铅笔芯的硬度和石墨的含量,其中H前面的数字越大代表混合用的黏土越多,铅笔芯也就越硬。同理,B前面的数字越大写出来的字迹就越黑,同时铅笔芯也就越软。在石墨里边,碳原子呈层状排列,层与层之间非常容易滑移。铅笔芯里面的石墨颗粒在你写字的时候就粘在纸纤维上了。而橡皮擦的主要成分是橡胶,能够吸附粘在纸上的石墨。

但是天然的橡胶不容易掉屑,粘在上面的石墨把橡胶变黑再去擦字反而会越擦越脏。后来人们向橡胶里边加入硫等物质,这样在擦字的过程中,橡皮擦吸附石墨的部分就会团在一起变成碎屑掉下来,这就是现在的橡皮擦啦。裹着石墨的橡皮屑就将笔迹从纸张上带下来了。

03.一直很想知道，为什么只闭上左眼时感觉看到的景象向左移动了，而只闭上右眼时就感觉景象向右移动了呢？

我们生活的世界在空间上是三维的，所以当你看着前方的物体时，你不仅能看到它上下左右的位置，还能大概目测出它离你有多远。对距离的目测是动物进化途中一直拥有的技能，如果不能估计离前方的猎物、危险物有多远，我们的祖先早就灭绝了。

那么我们是怎么目测距离的呢？答案就是人有两只眼睛，这两只眼睛是从不同的角度去看物体的，所以成的像不一样。我们的大脑可以比较出这两幅图像的差异，对图像进行融合并让我们能够感知距离。所以我们两只眼睛看物体是交叉的，也就是左眼看到的偏右，而右眼看到的偏左。因此闭上右眼只用左眼观察时物体会偏右。

我们要爱护眼睛，一旦有一只眼睛不小心失明的话，就不能准确判断距离了。你可以试试闭着一只眼然后用手去触碰前方的小物体，你会发现你对距离把握得并不是很准了。如果不是对眼前的场景已经先入为主地熟悉了，你对距离的估计偏差会更大！

◆ ◆ ◆

04.蒸熟的包子表面那层美味的皮是如何产生的？

日常生活中，吃包子和馒头的时候总会发现包子和馒头的表面有一层很美味的皮，吃起来有嚼劲，特香！那么这层皮是如何产生的呢？

我们首先来想一下馒头和包子发酵的过程，在包子和馒头刚刚揉制好时，酵母菌在有氧气的条件下迅速生长，快速繁殖，产生大量二氧化碳和水，当消耗了大部分氧气后，进行无氧发酵，产生二氧化碳和酒精。二氧化碳分布于馒头和包子的内部，使得馒头和包子的体积膨胀，在蒸制时进一步膨胀，形成内部疏松多孔的网络状结构。本来表面发生的过程也应该与内部一样，但是由于蒸的过程中表面在最外边，而且这个热的传导又是从外向里，所以表面一层会迅速失去水分变干，导致里边的气泡无法释放出来。但当二氧化碳气泡逐渐增大时，有时会撑破该气泡，释放出二氧化碳，并且由于表面没有面团的补充，撑破的面团在表面张力的作用下铺平，形成均匀的面层——表皮。

◆◆◆

05.为什么心脏可以不休息地一直跳动？

虽然我们觉得心脏在一直跳动没有停歇，但其实心脏在每一个收缩周期中并不是一直处于工作状态的，而是既工作也休息。心脏每搏动一次的具体过程：先是两个心房收缩，此时两个心室舒张；接着两个心房舒张，随后两个心室收缩；然后全心舒张。

心脏一直以这种节奏在跳动着。如果心率是75次/min，则心脏每跳动一次所需的时间为0.8 s（60 s/75＝0.8 s）。但心脏每搏动一次，心房、心室的舒张比收缩时间还要长一些，这样心肌就有充足的时间休息，并使血液充分流回心脏。这就是心脏可以一直跳动还不觉得累的秘密。

06.为什么食用油不能燃烧？

食用油可以燃烧。食用油不是不能燃烧，而是食用油本身着火所需温度相对于汽油要高很多，一般家庭中的烹饪过程中食用油燃烧的情况比较少，所以食用油看起来就是不可燃烧的。但在一些食堂的后厨食用油燃烧的情况就比较常见了。

只要能够达到食用油着火所需温度并且氧气充足，食用油就可以烧起来。在这里要提醒大家的是，油锅着火千万不要用水浇灭，正确的做法是盖上锅盖把火闷灭，或者加入大量青菜把火压灭。

如果用水灭火，由于水比油重而且燃烧的油温远远高于水的沸点，水会在油锅中剧烈沸腾，产生无数小油滴，小油滴和空气接触又充分剧烈燃烧，不但不会被灭掉，还会越着越大，极易发生危险。

◆ ◆ ◆

07.为什么用钢笔在被水浸湿的纸上写字，写出的字会洇开？

纸的成分主要是植物纤维，相当于一个错综复杂的网状结构，因此钢笔水写在纸上会比较容易被吸附，而不至于扩散开来。但是钢笔水在水中很容易扩散，比如在一杯清水里滴一滴钢笔水，钢笔水很快就会扩散开来，整杯水都被染上了色。浸湿了的纸吸收了很多的水，水分子会填充到植物纤维之间，此时再用钢笔水写字，则钢笔水会溶解在水中，进而发生扩散，因此字就会洇开。

◆ ◆ ◆

08.为什么气球碰到柠檬酸会爆？

橘子、柠檬、橙子、柚子等都属于柑橘类水果，其表皮富含柠檬酸、酯类等有机物，而气球是由高分子聚合材料构成的，柠檬酸等有机物如果接触乳胶等高分子材料，就会发生溶胀作用，气球的表层局部变得特别薄，因此容易被引爆。所以，在玩气球时不要吃柑橘类水果，以免发生不必要的危险。生活中还有一些常见的相似例子，如在加油时，都不会使用塑料桶，因为塑料的主要成分也是高分子聚合物，容易与汽油发生溶胀作用。

◆ ◆ ◆

09. 酒精是如何杀死细菌的？

酒精杀菌，其实是酒精破坏细菌的蛋白质结构（蛋白质变性），这些蛋白质可能用作结构蛋白（组成细菌细胞），也可能用作反应酶（进行细胞内的化学反应）等，被破坏蛋白质后的细菌无法进行正常的生理活动，就被杀死了。所以从这方面来看，酒精是可以杀死细菌的。

但是，医用酒精浓度一般在70%左右，为什么不选用更高的浓度呢？酒精破坏蛋白质结构后，蛋白质会凝固，如果高浓度酒精与细菌作用，会迅速在细菌外壳凝固蛋白质，阻止酒精的进一步渗入，杀菌效果会大打折扣。

酒精可以杀死细菌，对人体细胞有没有伤害？在消毒的时候，伤口周围的细胞是受到无差别打击的。但是，人体是一个有机的整体，不断进行血液循环，会对渗入的酒精稀释，并再生细胞，所以就最后的结果来看，没有产生大的影响。

◆ ◆ ◆

10. 烧开的水为什么会有很多白粉末？

那是因为这些白粉末是以$CaCO_3$（碳酸钙）、$MgCO_3$（碳酸镁）、$Mg(OH)_2$（氢氧化镁）等为主要成分的水垢。

一般来说，自然界中的河水、井水等直接烧开会出现这种情况。这是因为雨水有一定的弱酸性，降落之后与岩石等反应得到含钙离子、镁离子的化合物渗入地下水，经过自然力的长期作用后最终形成一些可溶于水的$Ca(HCO_3)_2$、$Mg(HCO_3)_2$等化合物。这种水直接烧开，就会分解成$CaCO_3$、$MgCO_3$等物质。若担心白色粉末影响饮用，则可将水静置一段时间或漂净后饮用。

◆ ◆ ◆

11.为什么在车上玩手机会头晕？

车辆在行驶过程中难免会有加速、减速、转弯，这些都会改变乘客的受力状态，车辆行驶中人需要调整身体姿势以和车的运动保持一致。这就加大了小脑、前庭感受器等的负担。当人看着前方与窗外时，他能够对即将到来的转弯有一定的预判，因此大脑可以提前做好准备。而当人专心玩手机时，对外界的变化就没有预判与准备了，同时还得在各种摇摆中将注意力集中在"静止"的手机屏幕上，这样就更容易头晕了。

◆ ◆ ◆

12.为什么干燥剂遇水会爆炸？

零食里面比较常见的干燥剂有两种，一种是生石灰，另一种是硅胶。

干燥剂遇水爆炸多指生石灰遇水爆炸。生石灰遇水会发生如下反应：

$$CaO+H_2O=Ca(OH)_2$$

这个反应会放出大量的热，进而让水沸腾。如果将一定量的生石灰撒入装有水的密闭容器，那就会因为水剧烈沸腾而使得气压急剧增大，从而使容器炸裂。其实最危险的不是炸裂本身，而是溅出来的强碱性溶液，一旦溅到身上，就会腐蚀人体组织。

而那种透明的球状颗粒就是硅胶干燥剂，硅胶干燥剂很安全，但如果把它放入水中，也会发现透明的小球炸裂。这是因为硅胶多孔，吸水性强，浸入水中后体积急速膨胀，然后就炸裂了。

13.透明胶带在被撕开时可能有两种情况：撕得慢透明胶带就发白不透明；撕得快就是透明的。产生这两种情况的原因是什么？

这是个十分有趣的问题。先上结论，白色的其实都是小气泡。空气是透明的，气泡为啥有颜色呢？这是因为材料里面有很多气泡的时候，一束光射入以后并不能直接穿透，而是会在材料内部不断地发生吸收、反射、散射等过程，最终导致气泡看起来是白色的。比如我们平时吃的冰块，里面白白的东西就是小气泡和其他杂质。

胶带从20世纪初开始大量生产以来，已经有100多年的历史了。我们每个人从小到大都撕过不计其数的胶带，其中不乏一些十分有好奇心的科学家。胶带为什么可以粘住东西？其原因在于表面上覆盖有一层水性压敏胶，在和物体表面结合以后，可以降低表面的能量，从而牢牢地吸附在表面上。

胶带里面的小气泡是怎么来的呢？关于撕胶带的过程，科学家们有过很多研究，主要分为高速撕胶带和慢速撕胶带。高速撕胶带一般速度是10 cm/s，科学家们研究的焦点一般在声音的来源和摩擦发光上。（对，你没看错，撕胶带还会发光……）

而慢速撕胶带一般有多慢呢？0.01 mm/s，长度为1 m的胶带要撕两个多小时。但是也只有这么慢的时候，我们才能看清在撕的时候胶带上发生了什么。

在显微镜下拍到的画面显示，慢速撕胶带时，附着在胶带上的胶水的形状变成了锯齿的样子。如果我们用不同大小的力去撕的话，锯齿的数量也会发生变化。当用力较小的时候，两个锯齿之间的间距比较大，也更容易撕出气泡来。而当我们快速地撕胶带时，锯齿会变得非常密，也就不会有气泡了。

14.为啥吃了薄荷糖之后张嘴呼吸嘴里会很凉呢？

这是典型的味觉欺骗效应，另一个相反效果的食物就是辣椒。之所以会出现这种效应，是因为这些食物里边含有的一些物质会与我们味蕾上相应的味觉感受器结合，然后向大脑传递错误的信号。

薄荷糖里边含有薄荷醇，会与嘴里的阳离子通道受体蛋白TRPM8结合，TRPM8在温度低的时候也会打开，让Na^+和Ca^{2+}进入细胞，神经细胞再传递信号最终使大脑皮层产生"凉"的感觉，但是实际上薄荷醇并没有真正让嘴里温度下降。除了薄荷醇，还有桉油精等物质也有类似效果。同理，吃辣椒会觉得嘴里很热，原因是辣椒素会与TRP-V1结合，TRP-V1也是一种离子通道感受器，它在温度比较高的时候也会打开。所以，辣椒素也没有使嘴里真的变热。

◆ ◆ ◆

15.一直困扰了多年的问题：掷硬币到底是不是随机的？如果我设计一台掷硬币的机器，每次它掷硬币的力度、接触面积、外界环境完全一致，那么每次硬币落下后的面是不是一样的呢？

掷硬币到底是不是完全随机，要看怎么去理解。原则上，掷硬币的整个过程都可以根据牛顿力学原理用确定的运动方程来刻画，所以只要我们给足了初始条件，如题中所说的掷硬币的力度、接触面积等，那么整个过程就是完全确定的，不存在任何随机性。然而，问题其实并没有这么简单，这些运动方程本质上具有很强的非线性，也就是说其对于初值非常敏感，初始状态的一点点微小的变化都会导致完全不一样的运动轨迹。因此从某种意义上来说，掷硬币的过程可以用蝴蝶效应来比喻。从这个角度来看，我们人类无法将所有的初始条件都精确控制起来，所以掷硬币的过程又是完全随机的。

16.为什么牛奶可以去除异味？是和活性炭的原理一样吗？还是里面的有机物和其他物质反应了？

牛奶去除异味与活性炭去除异味的原理肯定是不一样的。活性炭材料内多孔，比表面积大，其与空气充分接触并将大分子吸附在孔内，阻止其再次飘散到空气中，以达到去除异味作用。牛奶可没有这样的吸附结构。利用牛奶可有效去除的异味主要是蒜味，原因是牛奶中的蛋白质与大蒜气味分子发生反应。所以，爱吃大蒜又苦于大蒜气味的同学注意了，你可以在吃完大蒜后细细品味一杯牛奶，既健康又可以有效去除大蒜异味。

◆ ◆ ◆

17.为什么航海船上的信号火炬可以在水下燃烧一段时间？就算有固体燃料或者镁、磷一类物质，但没有助燃剂啊？

信号火炬的使用环境特殊，要求它在燃放时火焰鲜艳、亮度大、火力强，那么仅靠空气中的氧气作为助燃剂是不够的，燃烧不够剧烈，需要在其中添加强氧化剂作为助燃剂，如高氯酸钾。虽然信号火炬在水下没有氧气，但是它的火药配方中有强氧化剂作为助燃剂，照样可以在水下燃烧。

◆ ◆ ◆

18.流动的水比静止的水更难结冰吗？

流动的水的确比静止的水更难结冰。

水结冰其实是一种结晶的现象，结晶需要有凝结核，然后凝结核不断增大，最终变成大块晶体。从这里可以看出，结晶速率主要受到两个因素的影响，一个是成核速率；另一个是生长速率。首先，流动的水中，质点不容易聚集，成核困难；其次，受水流作用，水分子在凝结核表面难以长时间停留，晶体生长速率变缓。以上是从微观的动力学角度考虑的，从宏观上考虑，流动的水一般都是紊流，不是层流，因此水流下方温度比较高的水会到表层来，那么就需要带走更多热量才能让表层的水结冰，这也会使得流动的水更难结冰。

◆ ◆ ◆

⓳.口香糖为什么不会粘住口腔？

回答这个问题我们需要从口香糖的成分入手，也就是天然树胶、甘油树脂等胶类物质加上糖浆、薄荷、甜味剂等。口香糖的黏性主要是大分子胶类物质（长分子链纠缠特性）的性质。而在口腔中，口香糖不粘的原因在于口腔中液体将口香糖和口腔壁隔离开了，也就是口香糖的有机成分不溶于水导致的，因此如果将口香糖泡在水里，用手接触，也不会觉得它很黏。

◆ ◆ ◆

⓴.木柴燃烧时释放出的烟是什么？无烟煤为什么冒烟少？

这是因为，和木柴相比，无烟煤的炭化程度更深，挥发分含量更少。所谓挥发分，就是将煤在一定条件下隔绝空气加热，受热分解产生的可燃性气体（碳氢化合物、氢气、一氧化碳等）。因为木柴中含有比较多的氢和氧，含碳量比较低，燃烧时不断炭化，燃烧不完全，除了产生水蒸气、二氧化碳之外，还有一氧化碳、多环芳烃类、醛类等污染物，严重的还有未燃尽的碳粒，就是我们所说的"烟"。无烟煤碳含量高，燃烧比较完全，故产生的烟和可燃性气体少。

◆ ◆ ◆

㉑.为什么纸燃烧的时候不冒烟，火灭了才冒烟？

纸张的主要成分是植物纤维，一般情况下完全燃烧的产物是草木灰、水蒸气和二氧化碳。水蒸气和二氧化碳这些气体是无色无味看不到的。而燃烧快结束时（或者将火吹灭时），由于温度的下降，燃烧产生的水蒸气遇冷产生大量小水滴，裹挟着少量未完全燃烧的其他颗粒，形成白色烟雾。

　　水蒸气和二氧化碳气体确实是无色无味、不可见的。至于冬天呼气，以及舞台干冰所产生的白雾，均是水蒸气遇冷后形成小水滴后形成的。

◆ ◆ ◆

22.为什么长时间不洗头，第一次打上洗发水搓不出很多泡沫？

　　首先讲一下泡沫产生的原因。洗发水中的主要成分是表面活性剂，表面活性剂的分子结构如下图所示，其头部是亲水基团，长长的尾部是疏水基团（亲油基团）。

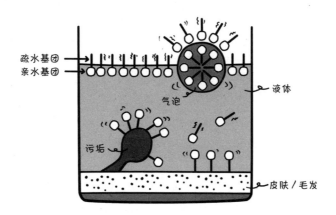

　　纯水的表面张力比较大，不能形成稳定的气泡，因为气泡的产生会增大气液间的表面积，使得表面能增大，这是热力学不稳定造成的。加入表面活性剂后，表面活性剂的亲水基团插入水相，疏水基团竖在空气中，这样降低了表面张力，让气泡能稳定存在一段时间。第一次洗头时，因为头发上有很多污垢（有机物），这时候表面活性剂疏水基团会插入有机相，亲水基团插入水相，起到乳化有机物的作用，从而去除污垢。因为表面活性剂大部分去乳化有机物了，那么用于降低表面张力的就少了，自然泡沫就少了，从这个意义上来说，产生泡沫的多少可以用来表征你头发的干净程度。只要有泡沫产生，就说明你倒的洗发水是过量的，毕竟还有表面活性剂用来产生泡沫。最后还需要明确一点，表面活性剂产生泡沫的原因是它有降低表面张力的作用，而具有清洁作用的原因是它具有乳化作用，这两个特性不能混淆，因为有的表面活性剂具有很强的去污能力，但是不怎么产生泡沫。

◆ ◆ ◆

23.涂改液是怎样制作的？里面那个摇起来会响的东西是什么？

涂改液的主要成分是钛白粉，也就是TiO_2（二氧化钛）。涂改液的配方中含有甲基环己烷、钛白粉、环己烷、1，1，1-三氯乙烷、1，1，2-三氯乙烷、环己酮、甲基己丁基甲酮、二氯乙烷、树脂等化学物质。那个摇起来会响的东西是一个小钢珠，主要目的是将涂改液里面的附着剂（钛白粉）和溶剂（甲基环己烷）混合。在使用涂改液之前将其适当摇晃，挤出来的是溶质（钛白粉）、溶剂（甲基环己烷）和胶，溶剂在空气中挥发，胶将钛白粉粘在纸上，盖住原有的笔迹。

◆ ◆ ◆

24.等离子体是不是只有在高温中才能出现（例如火焰的高温部分或闪电）？如果是这样，那等离子消毒也是一个高温的过程吗？

首先给出答案，等离子体并不只在高温中出现，等离子消毒是利用低温等离子体中的高温电子部分进行消毒的。

等离子体是物质存在的形态之一。通常认为等离子体是物质的第四态，等离子体就是显著电离的气体，但从气态过渡到等离子体，在热力学上没有物理量的突变，并不存在相变过程。这种说法并不准确。等离子体的准确定义应该是由自由电荷构成的、表现出集体行为的多粒子宏观系统。传统中性等离子体研究的温度范围非常广泛，可以从地球电离层（极光）的300 K左右到白矮星磁化层的10^{16} K。温度和密度作为等离子体的两个参数，对应传统等离子体的参数空间如下图所示。

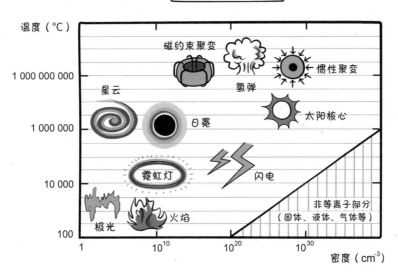

由于等离子体内部电子和离子质量相差较大，通过碰撞交换能量过程缓慢，各种带电粒子成分各自先达到热力学平衡状态，分别对应电子温度T_e和离子温度T_i。当等离子体整体达到平衡状态时，具有统一的电子温度和离子温度，粒子间的碰撞势约为几个电子伏特，对应等离子体温度为几千度甚至更高，称为高温等离子体。还有一种状态是电子温度虽然很高，但体系中重离子温度很低，整体表现为低温状态，称为低温等离子体，由于体系处于非平衡状态也可称为非平衡等离子体。

低温等离子体消毒应用的就是这种原理：在几帕到几百帕的真空环境下利用特定电磁场对气体进行电离产生低温等离子体，电子温度可达$20\,000 \sim 30\,000$ ℃，细菌的直径约为10^{-6} m，许多电子将细菌或病毒包围然后消灭，同时由于电子本身热容量较小，对宏观温度没有影响，不会对消毒的物品产生损伤。低温等离子体消毒的温度一般为室温。

随着激光冷却技术的发展，超冷等离子体成为研究热点，其温度可以低至mK（10^{-3}K）量级。1999年，美国国家标准与技术研究所的S. L. 罗斯顿（S. L. Rolston）小组首次采用光电离激光冷却原子的方法，得到了电子和离子温度分别低到0.1 K和0.000 01 K，密度高达10^9 cm^{-3}的氙原子的超冷中性等离子体。

◆ ◆ ◆

25. 跳跳糖里有什么物质？

跳跳糖是一种口感独特的糖果，大部分人小时候都吃过。那么跳跳糖这种独特的口感是怎样形成的呢？

跳跳糖之所以拥有如此奇特的口感，是因为在糖果的内部密封有高压的二氧化碳，当口中含着跳跳糖时，唾液会将表面的糖逐渐溶解掉，这样气泡破裂二氧化碳就会跑出来而产生独特口感。

跳跳糖的制作方法已经不是什么秘密：在将所有的原料混合后，一起溶解在少量水中，然后将溶液放在密闭容器中加热到150℃，再充入二氧化碳，冷却后细微的二氧化碳气泡就包裹在跳跳糖中了。

◆ ◆ ◆

26. 为什么方便面是弯的而不是直的？

方便面并不是在加工过程中由直变弯的，而是一开始生产的时候就专门做弯了！面条首先需要被高温蒸汽蒸熟，然后经过油炸，因此方便面都比较脆。面变脆之后就容易折断，而在运输与储存期间难免会磕磕碰碰。因此当面条存在各种小的弯曲时就变得不容易折断，能承受更多的压力。

另外，桶装面是要装在纸碗里的，碗的口径是有限的，如果面条是直的，那么相同的面积所能放置的面条会比较短，而当面条弯曲之后虽然厚度变厚，但是相同的面积所放置的面条增多，可以充分地利用纸碗的空间。从成本方面考虑，将面条设计成小波浪的自来卷，比扩大纸碗的口径要低得多。

最后还有一个好处，如果面条是直的，那么面条之间就会堆积得比较紧密，泡面时水就不容易进去，而当面条弯曲之后，面条与面条之间就会有空隙，泡面时可以和热水充分接触，保证了泡面的口感。

◆ ◆ ◆

27.为什么大部分跑道都是逆时针的？

有关跑步方向的最初规定起源于赛马运动。最初赛马运动的环形跑道并不是在体育场内，而是在人来车往的大街上。由于英国交通实行左侧通行规则，马唯有靠左跑和向左转弯才能避免与迎面而来的马车相撞。这种左侧通行的交通规则使得赛马沿逆时针方向跑成为惯例。

在1908年伦敦奥运会时，左手靠内侧（left hand inside）的规定被采纳，自此，逆时针田径赛道的规定沿用至今。同时，对于长期从事田径运动的人来说，长期沿一个时针方向的赛道跑步可能导致左右腿受力不均衡，可以定期更换赛道协调身体平衡。

◆ ◆ ◆

28.水喝多了还会水中毒，所以水有毒性？

水中毒是指机体水的摄入量超过了排水量，以致水分在体内滞留，打破了水和电解质的平衡，引起血浆渗透压下降和循环血量增多，稀释了人体内的钠离子浓度的现象，在医学上又被称作稀释性低血钠。

钠是人体内很重要的电解质，有维持体内水分平衡、帮助神经肌肉运作的作用。血液中的钠离子过低或过高，都会引起人体不适，而当人体血液中的钠离子浓度过低时，就会出现以下症状。

钠离子浓度低于 130 mEq/L：开始出现轻度的疲劳感。

钠离子浓度低于 120 mEq/L：开始出现头痛、呕吐或其他精神症状。

钠离子浓度低于 110 mEq/L：除了性格变化，还伴随痉挛、昏睡的症状。

钠离子浓度低于 100 mEq/L：神经信号的传送受到影响，导致呼吸困难，甚至还可能导致死亡。

（毫当量浓度为毫摩尔浓度乘以离子价态数：对于钠离子有 1 mEq/L＝1 mmol/L×1 价）

水中毒的原因主要有：在大量出汗后马上大量补充水分、急慢性肾功能不全、药物影响等。一般情况下，只要不是短时间内大量喝水，我们的肾脏是可以调节的。因此，正常饮水不用担心水中毒情况的发生。

29.可乐遇到牛奶出现沉淀是什么原理？和牛奶里加食用盐，盐析蛋白质是一个原理吗？

牛奶中80%的蛋白质是酪蛋白，酪蛋白在pH低于4.6时会沉淀。因为可乐配料中含有磷酸，其pH为2.5左右，所以可乐和牛奶混合会使酪蛋白沉淀。这和牛奶里加食用盐，使蛋白质析出不是一个原理。

对盐析现象的解释要用到胶体的概念。牛奶中含有大量蛋白质颗粒，是一种胶体，其中的酪蛋白颗粒带负电。胶体之所以能维持稳定，是因为同种胶体粒子所带电荷相同，有静电排斥力，胶体粒子不易聚集；并且胶体粒子表面的溶剂化层相当于胶体粒子的"保护伞"，胶体粒子相互靠近时，"保护伞"因挤压而变形，产生的弹力会使胶体粒子相互远离。但是向胶体中加入大量无机盐时，会吸引大量水分子与这些无机盐离子水合，破坏了胶体离子表面的溶剂化层，并且无机盐离子会和胶体粒子所带的电荷中和，在这两种因素的影响下，胶体就会聚沉，这就是盐析现象。从上面的分析可以看出，盐析并不会改变蛋白质的空间结构，蛋白质重新溶解后仍然具有活性，所以盐析可以用来提纯蛋白质。

多说一句，盐析和铜盐聚乳是不一样的，铜离子是重金属离子，可以和蛋白质形成化学键，这样就破坏了蛋白质原有的结构，使蛋白质变性，这一过程是不可逆的。

◆ ◆ ◆

30.为什么湿手碰洗衣粉会感觉到轻微的灼烧感？

洗衣粉是一种合成洗涤剂，主要成分是以烷基苯磺酸钠为主的表面活性剂，再混合一些助剂。同时，洗衣粉是碱性的，无论是以前加入三聚磷酸钠作助剂，还是现在利用4A沸石和碱性试剂作助剂（三聚磷酸钠被禁用主要和磷酸盐导致的藻类富营养化有关），主要都是为了增强表面活性剂的效应。常用的碱性助剂有纯碱和水玻璃。而纯碱，即碳酸钠

溶于水会放热。另外，碱性较高的话，也是会使接触的皮肤有刺痛等感
觉的。

❖❖❖

31. 现在有没有一种技术能使石墨在特殊情况下反应变成金刚石呢？

石墨看起来黑不溜秋，金刚石看起来晶莹剔透，尽管它们颜色非常
不同，但是组成它们的元素都是碳。它们的不同在于内部的原子组合方
式不同，石墨是一层一层的，每层石墨只有一层原子，原子之间靠共价
键链接，层与层之间是范德瓦耳斯力，单层的石墨又称为石墨烯，是最
著名的二维材料。金刚石内部的原子全部靠共价键链接。虽然金刚石很
硬而石墨很软，但是石墨要比金刚石更加稳定。有多种方法可以制造金
刚石，它们分别需要不同的条件。

1. 直接法：利用高温高压直接将石墨等原料变成金刚石。

2. 熔媒法：利用高温（1 100 ～ 3 000℃）和高压（5 ～ 10 GPa，1 GPa
相当于10 000个大气压）使石墨等碳质原料和某些金属（合金）反应生成
金刚石。

3. 外延法：利用热解和电解某些含碳物质时析出的碳源在金刚石晶
种或某些起基底作用的物质上进行外延生长而成。

4. 武兹反应法：用四氯化碳和钠通过加温到700℃反应，生成金
刚石。

❖❖❖

32. 臭氧为什么能污染环境呢？

臭氧（O_3），氧气的同素异形体，是一种有着特殊气味的淡蓝色气体。
臭氧主要分布在地球周围10 ～ 50 km的高空中，保护地球不被紫外线过
度照射。雷雨过后，我们都能在空气中闻到一股略微怪异的味道，就是

我们常说的臭氧。

首先，在平时的空气中，臭氧是无毒的，只有较长时间处于较高浓度的臭氧环境中时，它才会对人体产生危害，也就是我们常说的，剂量决定毒性，就像水喝多了也可能中毒一样。其次，一般情况下，我们闻不到臭氧，是因为臭氧存在 $10 \sim 30 \, min$ 的半衰期，会分解为氧气。

我们常说的光化学烟雾主要成分就是臭氧，由 NOx、VOC（挥发性有机物）等转化而成。产生的臭氧具有氧化性，在一定的浓度下，会对材料造成腐蚀，如氧化聚合物材料中的不饱和键；影响植物生长，如破坏细胞膜，影响生理功能；对人体造成危害，如危害呼吸道和中枢神经。

◆ ◆ ◆

33. 为什么高铁过隧道时人的耳压会升高？

这不是耳朵内部压力变化，而是高铁进入隧道时气压的突然改变导致的。高铁通过隧道时，由于隧道内空气流动空间受隧道壁和列车壁的限制以及空气的可压缩性，从而使隧道内空气压力急剧变化，而高铁本身又不是完全密封的，内外部气压会发生平衡，从而使车厢内出现压力波动。而高速行驶的高铁产生的压力波动会被耳膜接收到，从而引起乘客耳鸣、恶心等不适症状。

好奇的读者肯定会问："那么气压是增大还是减小呢？"这个问题其实要考虑车厢内外压力波的耦合，以及车厢密封性、车速、车身长度等因素，利用一维流动模型进行解决。这里仅将数值模拟的结果给出：高铁进入隧道引起的车厢内压力变化应该是先增大后减小，当然车厢密封性越好，受到的外部气压影响就越小。

34.为什么在灶膛里烧柴火，烟不会朝人的方向飘而是自动往灶膛里面飘然后从烟囱排出？

生活中，我们常常会发现一些有趣的现象，在灶膛里烧柴火，烟会自动往灶膛里面飘然后从烟囱排出，这是为什么呢？为了弄清楚这个问题，我们要对烟囱的形状有个直观的认识。一般而言，烟囱是一个两端开口的管道，烟囱一端连接灶膛，另一端的出口一般在房顶或房子的侧面，细心观察不难发现，烟囱出口的高度是高于灶膛的。

烟囱在此过程中主要防止气体在水平方向上扩散，起到封闭管道的作用，当热空气在烟囱里面上升时，会造成局部地区的低压，使空气持续不断地沿着烟囱上升。当空气在烟囱顶部离开时，由于热空气散溢造成气流，将炉外空气抽入填补，使炉火燃烧更烈。还有个有意思的现象是在下雨时烧火做饭，烟常常会从灶门灌入室内，这是因为下雨前，高空气压变大，使得烟从烟囱出口排出变得困难。

自然

现象篇

01.为什么河流总是弯的?

原本笔直的河流可能因为各种各样的因素出现轻微的弯曲，而自然界中最不缺的就是这些偶然的扰动，以及扰动产生效果所需要的漫长时间。

扰动有很多，如地形的起伏，地层的裂隙、节理、断层，小动物在河岸打洞，都会使得一边的土壤变得松软，进而坍塌，使得水向那边靠近。而弯曲一旦产生之后就会变得越来越弯：如果河岸有小弯曲，那么水从那边流过时走的路线就是曲线，此时就会产生离心力冲击河岸，离心力的大小和弯曲的曲率、水流速的平方成正比，而最初产生的小弯曲其曲率很大，因此离心力大，会对河岸产生强烈的冲击，使得河岸进一步弯曲，变得更加偏离直线。水流在经过弯曲的河岸之后会像被反弹一样冲击到斜对岸的河岸，这一冲击会产生下一个弯曲，周而复始，因此河流往往是"S"形的。也就是说河流的弯曲分两步，第一步是原始的因素使得河流产生小的弯曲，第二步则是在离心力的作用下弯曲扩大，以及河水"反弹"对斜对岸的冲击形成下一个弯曲。

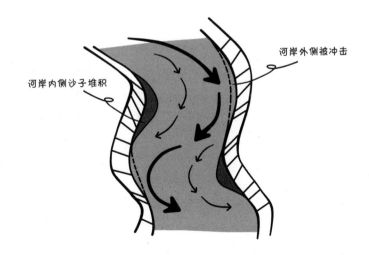

河岸外侧被冲击

河岸内侧沙子堆积

最后再说一下地球自转偏向力的作用，地球自转偏向力是对整段河流都起作用的，它并不会使河流形成差速水流，地球自转偏向力对于河流的作用是使得河道两岸受到的冲刷和堆积不同，与河流的弯曲没有关系。

◆ ◆ ◆

02.为什么浪花看起来是白色的，而不是和海水一样的颜色？

纯水是无色透明的，也就是说光线可以按一定规则透过水传播，其出射光线能反映出入射光线的信息。海水的颜色之所以是蓝色，是因为海水中含有一定量呈现出蓝色的杂质离子，并且保持了海水的透明度。

但为啥浪花呈现出白色呢？这是因为浪花并不是单纯的海水，而是海水和泡沫的混合物，这些泡沫就是一层水膜包着空气，这样在浪花中就存在了"海水—空气"的复杂界面。光线在其中传播时被无规则反射和折射，最终出射的光线不再含有入射光线的信息，因此不再透明。而这种无规则的反射和折射对各种颜色的光又是等概率的，所以最终我们看到的浪花呈现出白色的样子。相同的原理可以说明另外一个现象：比较完美的冰块是透明的，而含有大量裂纹的冰块却呈现白色不透明状。

◆ ◆ ◆

03.同样是由水分子构成的，为什么雪是白色的，而冰是透明的？

一束光进入物体时，它会发生吸收、反射、散射等。而物质之所以有不同的颜色，是因为它对不同频率的光进行选择性吸收并将呈现出来的颜色反射到我们的眼睛中。举个例子，绿植会呈现绿色是由于它不吸收绿色光（或者说吸收少）并将绿色反射回来。因此，冰是透明的在于它几乎不吸收可见光也不会把光反射回来，从而看起来就是透明的。但是同样是水分子构成的雪为什么是白色的呢？这是因为雪花是由各种随机取向的冰晶构成的，而各种冰晶之间就会存在晶界，光在这些界面上就会发生散射，使得最终返回我们眼睛中的光是各种频率的光等概率的叠加，因此看到的雪就是白色的。事实上，若是用力敲击一块透明的冰，则我们也能看到白色的裂纹。

♦ ♦ ♦

04.为什么冰块只有一小部分在海面上，大部分在海面下?

这与冰和水的密度有关，我们首先考虑两种极端情况。假设冰和水的密度相同，那么当冰块全部没入水下时冰所受的浮力与重力平衡，这种情况下，冰会全部隐藏在液面以下；由于冰的密度比水小，因此会漂浮在水面上；如果冰的密度为零，那么冰就会完全浮在水面上了。

下面对冰浮在水面上的情况进行计算，假设冰在水面下的体积是 V_1，冰的总体积为 V_0，冰和水的密度分别为 $\rho_{冰}$ 和 $\rho_{水}$，有：

$$F_{浮} = \rho_{水} g V_1 = mg = \rho_{冰} g V_0$$

$$\frac{V_1}{V_0} = \frac{\rho_{冰}}{\rho_{水}} \approx 90\%$$

一般情况下，冰的密度是水密度的9/10，因此冰块隐藏在水下的体积大约是总体积的90%，这就是冰山一角的物理原因。

◆ ◆ ◆

05.出现鬼火是什么原因？

首先需要说明的是，这种现象虽然叫作"鬼火"，但和"鬼"没有任何关系。之所以会被称为鬼火，是因为这种现象多发生在农村的坟地里，而且通常会跟随着人一起运动，看起来十分诡异。因此，在自然科学知识匮乏的古代，人们自然而然将之与鬼神联系到了一起。实际上这只是一种磷化物气体在空气中自燃的现象。人体骨骼中富含磷元素，土葬的尸体在腐烂过程中，磷会与周围物质发生反应产生磷化物气体（主要为P_2H_4），这种气体会从地下渗透出来飘向空气中。磷化物气体燃点低，在炎热的夏天很容易自燃，发出绿色磷光。这种现象在夏天正午更易发生，不过在日光下不易被察觉。

那为什么它会跟随着人一起运动呢？磷化氢气体较轻，容易随着气流飘动。人在自燃的磷化氢气体附近走动，会产生气压差（人带动空气流动，流动快的空气会比流动慢的空气气压低），使"鬼火"跟随人运动。

更有趣的是，在希腊文中磷同"鬼火"是同一个词。是不是当初发现磷的"炼金术士"就以"鬼火"来命名的这种物质呢？这就不得而知了。

◆ ◆ ◆

06. 雾和霾怎么区分？

我们知道，雾是可见的，因此它不是气态。事实上，雾是空气中凝结的小水珠。在春季的早晨，接近地面的地方，水蒸气遇冷，凝结在一起，变成了小水珠。而霾则不同，就物态来说，霾是一种气溶胶（一种悬浮在气体介质中的固态或液态颗粒所组成的气态分散系统），由空气中的灰尘、硫酸、硝酸等颗粒物组成，能使空气的能见度降低。从霾的组成成分上来看，我们可以大体推断出霾的由来，即由大规模城市建设、工厂排放废弃污染物等造成的。这些颗粒物被称为细颗粒物（PM2.5），即直径为 $2.5\,\mu m$ 及以下的悬浮颗粒，是造成雾霾的主要元凶。霾对身体的危害现在还没有显现出来，但是抬头不见蓝天、手机上显示的雾霾橙色预警，总是让人感到不安。雾霾问题，已然不容忽视。

◆ ◆ ◆

07. 为啥同样是乌云密布，有时候打雷有时却不打呢？

打雷是由于雷雨云中正电荷区和负电荷区之间的电场大到一定程度时，两种电荷要发生中和，从而击穿空气进行放电。此时会发射出强烈的光，产生闪电。电极化的通路上会产生高温，使四周空气因剧烈受热而突然膨胀，云滴也会因高温而突然汽化膨胀，发出巨大的响声，这就是雷鸣。同理，当带电云层运动时，地面相对应的地方会产生感应电荷，若云层与地面或地面高大物体间距离较小，则云层与地物间的空气会被击穿产生雷电。

通常，大气是不导电的。打雷需要云层之间的距离足够近，此时云层携带的电荷量形成的电场强到足以击穿空气。而大气的击穿阈值与空气湿度还有关系，湿度越高越容易被击穿，这就是为什么夏季更易打雷的原因。有时会出现只闪电不打雷的现象，这是由于闪电传播的距离比雷声远，等雷声传到我们这里时已经听不到了。

所以，打雷光有乌云是不够的，还需要云层距离足够近、电荷量足够大、空气足够湿才行。

◆ ◆ ◆

08. 云朵重吗？如何测量一朵云的重量？

云一般是指大气层中包含其他多种较少量化学物质构成的可见液滴或冰晶集合体，这样悬浮的颗粒物也被称作气溶胶。讨论云的质量实际就是讨论形成云的气溶胶的质量。由于气溶胶的组成成分、体积复杂多变，因此对其质量的讨论是十分复杂的。

对于气溶胶，一般用质量密度的概念进行描述。对于有多个组分的气溶胶体系，简单来说，其质量密度可以认为是多种组分质量密度相对于组分含量的加权平均。因此，对存在云朵区域内的气溶胶不同组分的含量和颗粒直径进行测量，通过加权平均的方式，可以大致得出云朵的质量密度。假设空中存在一个体积是 $1m^3$ 的云朵，直观来看，云能够浮在空气中，意味着这种气溶胶的密度是要低于或者等于空气的密度。这里我们取等于空气的密度，约为 $1.29\,kg/m^3$（这里我们的假设都是非常简单的，实际情况可能非常复杂）。因此，一朵体积为 $1m^3$ 的云朵其质量约为 $1.29\,kg$，大约相当于1L矿泉水或者5个苹果的重量。

09. 白云和乌云有什么异同？

　　这里我们首先要回顾一下从水蒸气到形成降雨的整个过程。我们知道空气中是含有一定量的水蒸气的，而水蒸气从气态凝结成液态（或者固态），需要两个条件，一是温度较低，二是有凝结核，而大气中的凝结核多半为灰尘。对流层高空完美地满足了这两个条件。在水蒸气凝结的初期，形成分离的小液滴（或小冰晶）悬浮在对流层中，这个时候液滴区域密度较小，灰尘少，彼此之间空隙较大，阳光透过率高，衰减很小，云朵呈白色。当液滴积累到一定程度，其区域密度变大，灰尘变多，彼此之间空隙变小。这个时候阳光透过率变小，衰减很大，云朵呈灰色。与此同时，不同液滴也有较大机会相互融合，变成更大的液滴，以致液滴不能再悬浮空中，从而形成降雨。

　　所以白云和乌云的相同点：都是以灰尘为凝结核的液滴（或冰晶）。不同点：白云液滴区域密度小，一般不会形成降雨；乌云液滴区域密度大，会形成降雨。所以漫天乌云的时候，大概率是要下雨了，赶紧回家收衣服了！

10.为什么雨落下的时候是一滴一滴的，而不是像倒水一样一股水流呢？

　　雨从来就不是水流：水汽在空中凝结，当凝结得足够大的时候就会落下来变成雨。这里所谓的足够大也没有大到像瓢泼一样。即使是有人在高空向下泼水，最终落到地面的也是水滴。一方面，从水的角度看，下落过程中会受到风的很大影响，这风足以把水吹散；另一方面，先下落的水相对后下落的水做匀速直线运动，也就是说两者距离会越来越远，最终会分离开。这也是自来水管流出的水柱越往下越细的原因之一。

◆ ◆ ◆

11.为什么空中下落的雨滴无法砸死人？

　　云层里有很多凝结的小水滴，当小水滴承受的重力大于气流的承载力时便会掉下来。由于气流的承载力是很小的，因此雨滴通常都很小很轻。即便是稍微大一点的雨滴，在下落的过程中也会被气流冲散。

　　另外，雨滴下落并不是自由落体运动，它会受到空气的阻力，而阻力的大小与速度成正相关，即速度越大，受到的阻力就越大。当阻力增大到和重力大小相同时，雨滴就没有加速度了，会匀速下落，最终匀速运动时的速度为 $9 \sim 13\,\mathrm{m/s}$，这个速度并不是很快，所以我们用肉眼就能看见雨滴下落的过程。同时，因为雨滴的直径通常只有几毫米，所以其动量很小，自然就伤不到人了。

◆ ◆ ◆

12.有道是"山雨欲来风满楼"，为什么下雨之前会刮风呢？

　　事实上，有风并不是下雨的必要条件，但下雨时确实经常伴随着刮风。我们先来看一下为什么会下雨？一般来说，阳光普照，使水吸热蒸发，水蒸气上升到温度较低的高空中，如果空中富含凝结核，水汽就会凝结成小水滴形成云。此时，这些小水滴还比较小，可以被空气托住。

如果此时遇到冷空气，云中的小水滴就会继续凝聚，逐渐增大形成大水滴，白云变成黑云。当大水滴越来越重，直到空气托不动时，它便下落到地面形成降雨。如果富含水汽的空气遇到的是非常强劲的冷空气，小水滴便会迅速变大形成雷阵雨等极端对流天气。可见，冷空气的出现会促进降雨。而冷空气会给当地带来风：一方面，冷空气的移动自身就会形成风；另一方面，冷热空气之间的对流也会形成风。这也就是下雨之前经常刮风的原因。

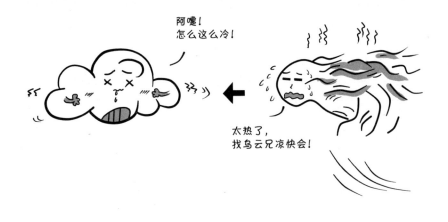

• • •

13.为什么有的时候白天也能够看见月亮？什么条件下更容易在白天看到月亮？

　　月球是太阳照亮的，日—地—月相对位置角度不同，我们就会看到不同的月相：望月（满月）就是在地球上恰好看到被太阳照亮的一面的月球；朔月就是在地球上恰好看到背对太阳的一面的月球；上、下弦月就是恰好看到一半被照亮的和一半黑暗的月球；盈凸月、亏凸月就是看到一大部分被照亮的、一小部分黑暗的月球；新月、残月（蛾眉月、月牙）就是看到一小部分被照亮的、一大部分黑暗的月球。

朔月时，月亮在白天出现，但无法看见；望月时，月亮在夜晚出现；新月、残月时，月球与太阳在天上相隔角度太小，容易淹没在太阳的光芒下，所以不容易在白天看到，只能于凌晨日出前在东边地平线附近（残月）、黄昏日落后在西边地平线附近（新月）短暂看到一个月牙；凸月时，月球很亮，月球与太阳在天上相隔角度也大，容易看到，但是出现的大部分时间是在晚上，而在白天只出现在短暂的清晨（西边看到即将落下的亏凸月）和傍晚（东边刚刚升起的盈凸月）；弦月则介于月牙、凸月之间，白天出现的时间和亮度都适中，能在白天看到的时间比较长，但在白天不是很容易看清。

总结：凸月时最容易在白天看到月亮，而凸的程度越大，即月球与太阳在天上相隔角度越大，越容易看到，但能看到的时间也越短。

脑

洞

篇

01. 如果一个人手拿冲锋枪从五楼跳下，从起跳开始手拿着冲锋枪对地面射击，忽略换弹夹时间，这个人能否安全着地？

射出去的子弹相对于射击的人是向下运动的，它有一定的动量，依据动量守恒原理，会给人传递大小相同、方向向上的动量。（枪会有后坐力就是这个原因）

人受到重力作用，会持续地获得方向向下的动量，而射出去的子弹越多，人会获得越多的方向向上的动量。这两个动量如果大小差不多，那人就是安全的；如果子弹提供的动量很小，那么就相当于是螳臂当车，人就不能安全着地了。

我们对子弹所能够提供的动量进行一个粗略的估计。子弹头的质量我们按 15g 来估计，子弹发射出去的初速度取 800 m/s，同时这杆枪每分钟可以打出 900 发子弹，即 1s 打出 15 发。因此，1s 所能提供的动量约为 $15g×800m/s×15＝180kg·m/s$。5 层楼的高度大约为 15m，人和枪加起来的质量设为 80kg。那么，不开枪从 5 楼直接跳下来，人获得的动量约为 1400 kg·m/s，且从跳下来到落地的时间不到 2s。因此，如果持续性朝地射击的话，人在落地时的动量也有 1000 kg·m/s 左右，相当于是从 8m 左右直接跳下来，也就是接近 3 层楼高。

因此，如果这个人有枪，并且还能在下落的时候控制后坐力保持向下射击，那么以他的身手，落地的时候应该可以再接一个前滚翻，所以应该可以安全着地。

◆ ◆ ◆

02. 在天空中多高的位置装一面多大的镜子，可以让我们在地上看到如月亮般大小的地球的影像？

在回答这个问题之前，我们需要回答另一个问题：一个物体看起来的大小和什么有关？显然，看起来的大小不只是由物体实际的大小决定的：天上的飞机看起来很小，但是落在机场的飞机非常巨大。其实，物体看起来的大小是由物体形成的视角决定的。视角就是视线和物体边缘形成的夹角。

所以，只要地球的像形成的视角和月球的视角一样就能保证地球的像看起来和月球一样大。我们知道地球的直径是月球的3.68倍，所以只要像距离地球是地月距离的3.68倍就可以了，也就是约1 398 400 km（取地月距离380 000 km）。我们又知道，平面镜所成像和物是关于平面镜对称的，所以巨大的镜子需要摆在像和地球的中间位置，也就是距离地球699 200 km的位置。关于镜子的大小（保证在一个固定点上看到整个像），可以从下图看出。

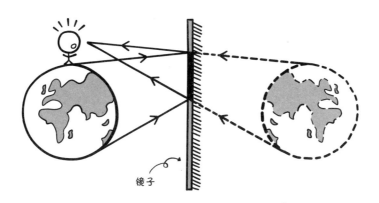

镜子

图中左侧是地球，右侧是地球的像，中间是镜子，从相似三角形的关系可以看出，只要镜子的尺度是像的一半就可以保证看到整个像，所以镜子至少应该是半径为3 200 km的圆形镜子。

◆ ◆ ◆

03. 为什么人不会飞？

与其回答为什么人不会飞，不如回答鸟为什么会飞。鸟类的身体结构为飞翔提供了可能性：宽大的翅膀覆盖了羽毛，保证了鸟类可以通过扇动翅膀获得足够的升力；中空的骨骼减少了鸟类自身的重量，使飞行更加容易；鸟类强大的胸肌（鸡胸吃起来很糙对不对？）和高效的呼吸循环系统为飞行提供了强大的动力；相比上半身的强壮，鸟类的下肢大多很纤细，这进一步减轻了鸟类自身的体重。这种种因素才保证了鸟类可以飞起来。对比人类自身的生理条件，尤其是粗壮的下肢，你是不是明白了为什么人类不会飞呢？

◆ ◆ ◆

04. 我们能用水浇灭太阳吗？

我们常见的燃烧现象都是物质与氧气发生反应放出光和热的，很多情况下使用水可以将其浇灭。因为水和水汽化产生的水蒸气可以隔绝反应物与氧气的接触，燃烧物没了氧气就会停止燃烧。那么，我们能用这个方法浇灭太阳吗？太阳燃烧的过程跟上述过程是不一样的，太阳主要是通过自身引力产生的极端环境来产生核聚变而燃烧放出光和热的。这个时候我们往里边加水就不能隔绝它的燃烧了，同时由于太阳表面温度特别高（5770K），水在到达太阳之前就汽化成水蒸气了，并且电离产生的质子还会给太阳燃烧提供燃料。但是当我们添加的水足够多以至于使太阳的质量超过了奥本海默极限（大约是2.17个太阳质量），那么太阳就有可能经历无限坍缩形成黑洞，所以也算是把太阳"浇灭"了吧。

关于奥本海默极限，最早是由朗道提出来的一个想法，当时人们刚发现泡利不相容原理。泡利不相容原理指出任意两个费米子不可能处于同一个量子态。这样，当物质由于引力而收缩的时候，存在一个费米简并压来抵抗这个收缩的过程。但是当引力大到超过这个简并压所能承受的范围的时候，星体就会坍缩。奥本海默和沃尔科夫最早是在托尔曼的工作基础上算出了结果，所以这个极限又被称为奥本海默-沃尔科夫极限。但是他们当时只考虑了费米简并压，所以最初得到的结果是0.7个太阳质量（小于钱德拉塞卡极限），后来人们加入强相互作用将这个结果修正为1.5～3.0个太阳质量。

◆ ◆ ◆

05. 为什么人跳在地上后不会弹起来，而篮球、足球等物体可以？

在类似于水泥地面的地上，这一过程中地面的形变很小，可以忽略不计。篮球与足球容易发生形变，当落在地上的时候会被挤压，将一部分动能储存为弹性势能，另一部分则被损耗掉了。足球与篮球的形变要维持就需要外界持续性施力，因此摔在地上的球当弹性势能储存到最大后会立刻开始恢复形变，即将储存的弹性势能转化为动能，球就弹起来了。

人体与篮球足球相比，在发生弹性形变的时候，储存的弹性势能要小很多。另外，人在落地的时候人体的肌肉会做功，将动能抵消掉。因此人不会反弹起来，除非地面的弹性很好，如蹦床。

06.假设我有一支功率足够强大的激光笔，照射向500万光年以外的深空，然后我旋转这支激光笔，不考虑途中其他天体引力影响，在足够大的尺度上，光柱（不是指单个光子的传播路径）看起来是弯曲的吗？

在这种情况下，光柱自身的形状确实是弯曲的。如果旋转的角速度已知的话，甚至可以写出光柱的形状随时间变化的表达式。不过，我们在这里给出一个更直观的例子：如果大家用水管滋过水的话应该很好理解，光柱在太空中的运动和水柱在空中的运动（如果担心重力的影响可以只考察水平方向的运动）非常相似，只是粒子运动的速度和空间跨度不同。水柱在空中的形状不光可以是弯曲的，还可以是波浪形的，这取决于你怎么晃动手中的水管。同理，光柱当然也可以是弯曲的。最后强调一点，光柱的形状是弯曲的并不代表光沿曲线传播。光柱的轨迹可以看作很多光线的头部所组成的形状，它的形状和光的传播方向没有必然联系。

◆ ◆ ◆

07.如果将一个人放在一个地板完全光滑的空旷房间中央，这个人有可能逃脱吗？

首先，我们假设房间比较大，因此我们无法通过改变身体的姿态来接触到房间的边缘。其次，因为地面是绝对光滑的，所以你不能通过蹬地让自己的质心向房间边缘运动。那么是不是就没有办法了？答案当然是否定的。如果你穿了衣服和鞋子，事情就好办了很多，你可以脱掉一两件衣服朝着门的反方向扔去，这样就可以获得朝向门的速度，你只需要慢慢滑向门口就可以了。

如果没穿衣服怎么办？找出身上可以往外扔出去的东西（如口水之类的）就可以了。如果实在没什么可扔了怎么办？那就只能靠气体了，具体操作如下：首先朝门的方向，大口吸气；其次转过头背向门的方向用力呼气，通过反冲可以获得朝向门的速度，重复多次就可以逃脱出去。

08.嗯……一个64G的手机，装满文件后会变重吗？

会。在解答这个问题的同时，我们需要了解一下各种存储介质的原理。

磁盘：包括磁带、软盘、硬盘等，都是通过磁记录数据的，写入数据会改变其内部物质磁性排列方向，其质量理论上是不会变化的。

光盘：包括CD、VCD、DVD等，都是通过光学结构记录数据的，一般是一次性存储介质，写入数据就是在上面剜小坑，剜上就没法抹平了，所以只能刻录一次，之后只能读。写入数据之后，其质量理论上是降低了，因为剜了很多小坑。

闪存：包括手机存储、固态硬盘等，都是通过电记录数据的，每一个阱可以有有电子（1）和无电子（0）两种状态，写入数据以后，保存的电子数目有变化，但不一定变多还是变少，所以质量也会有变化的，只是太微乎其微。

◆◆◆

09.如果臭氧层破了，我们会怎么样？

臭氧层很重要的一个作用是吸收紫外线，而没有臭氧层，其后果比不打伞、不涂防晒霜去西藏旅游还要严重得多！

臭氧层吸收了紫外线后会将其转化为热能加热大气，形成大气的温度结构，对于大气的循环有重要的影响。另外，正是因为地球有臭氧层，所以才有平流层。如果臭氧层被破坏了，其破口下的区域紫外线强度会增大，同时由于臭氧层结构的残缺，对大气的结构也会有影响。

紫外线对生物的危害很大，如果没有臭氧吸收紫外线，那么人类的皮肤癌、白内障等疾病发病率会大幅上升，而植物也会大面积死亡。

◆◆◆

10.身体里有钢钉，雷雨天气会有危险吗？

雷击是雷雨天气中很常见的一种现象，实际上就是一种击穿空气的放电现象。常见的有带电云层间的放电与带电云层和大地间的放电。我们这里关注云层和大地间的放电。

雷雨天云层是会携带大量电荷的。带电云层与地面会形成一个大电容，中间的空气就是介质。对电容稍微了解的同学都知道，电容会存在一个击穿电压，超过这个电压就会击穿介质迅速放电。云层与大地也类似，如果电荷积累到一定数量，就会击穿空气并迅速放电。云层与地面距离较远（几千米到数百千米不等），中间空气电阻太大，必须积累到一定的电压才会击穿。这使得击穿电压很大，击穿电流也很大，如果有人正好处在导电通路里，那就相当危险了。

正如前所述，想要击穿空气，就要将电荷积累到一定数量，相应地，越容易积累电荷，那么雷雨天被雷击中的概率就越大。那么怎样比较容易积累电荷呢？首先，要与大地导通，才能使大地的电荷传导积累。其次，由于电荷喜欢向着曲率小的地方跑，所以越尖锐越容易积累电荷。尖端放电就是个明显的例子。避雷针就是将这两个条件完美地融合到了一起。

钢钉

铺垫了这么多，现在言归正传，回答这个问题。身体里面有钢钉，一般打在骨头处。只要没有露在皮肤外面，就不会明显地改变人体的导电性质，又没有增加"尖端"，根本就不会增加被"雷劈"的概率。

◆ ◆ ◆

11.怎样！才能！减肥！

看到这个问题，我的第一反应是这个问题的答案应该非常非常多吧？

于是我上了国内某搜索网站，输入了这个问题。果然不出我所料，首先看到的是各种广告，而往下翻则能看到各种干货、经验贴。

所以粉丝问这个问题，自然是希望得到物理式的答案。

首先告诉你一点——你选对地方了！

在分析这个物理问题之前，让我们先定义一个名词。

表观体重：实验上通过仪器所测到的体重，得到的数据是数字，从几十到几百分布，单位为kg。

我们先来聊一下狭义的减肥，即改变表观体重。

你决定要减肥了，那么此时你的表观体重就是初始值，你当然会有一个目标体重，虽然这个目标体重可能于你而言像绝对零度一样不能通过有限的手段达到……

从数学上看，就是给定了初末端点，求连接两端点之间的曲线函数，要求满足时间最短或是最"轻松"，这是典型的泛函求极值问题，可以用变分法来解。

找出各种变量后构建出适合的拉氏量，然后求解欧拉-拉格朗日方程，理论上可以解出一个减肥的最佳策略。

嗯，让我们绕开这个数学问题，来一点简单粗暴的物理减肥法。

有个公式我们都很熟悉，$E=mc^2$。如果站在质量亏损的角度来看，那么想减小表观体重需要释放大量的能量，所以我们减肥并不是通过这条途径。

我们需要吃饭一方面是为了获取能量；另一方面则是从食物里获取一些人体必需的物质参与人体的合成与代谢，如氨基酸、维生素、无机盐等。从能量的角度来分析，如果摄入的能量比消耗的多，那么表观体重对于时间的导数便会取正值，所以如果长期吃得多却消耗得少就会长肉。

因此想要减肥得从两方面入手，一是减少能量摄入；二是增大能量消耗。

增大能量消耗所要面对的障碍无非就是累和懒，但减少能量摄入则是要抵制成千上万的美食，所以减肥的重心应该放在增大能量消耗上。可以做一些运动，如跑步、跳绳、游泳等。另外，大脑在进行高强度思考时对能量的消耗也很大，如人即便坐着不动，但是在那做数学题，饿得会很快。

接下来我们来聊一聊广义的减肥。

在广义减肥的理论框架里，表观体重只是一个参照，远不及在狭义减肥论中重要。

在进一步讨论之前，我们需要再定义两个名词。

主观体重：与质量无关，是人对自己体重的一个认识。比如在A看来很瘦的B却经常吐槽自己又胖了，而在A、B看来很胖的C则认为自己还是挺苗条的。

客观体重：与质量无关，是别人对你体重的一个认识。比如A对B说："你看你都胖了，所以这些肉你就都让给我吃吧。"

一个人只有在主观上觉得自己胖了的时候才会决定去减少自己的表观体重，而客观体重的影响最终其实也是在影响主观体重。当一个人主观上觉得自己的体重可以了，他自然就不会想去减肥了。所以，真正要改变的其实是主观体重！

也就是说，我们真正追求的，其实并不是体重秤上的读数，而是自己以及周边的人都认为的苗条、性感。所以可以通过穿衣来凸显自己的苗条，扬长避短。

也许你会说，那上秤不就暴露了吗？

很简单，你只需说三个字——你先上！

◆ ◆ ◆

12.皮卡丘发的是交流电还是直流电？

皮卡丘究竟是使用直流电还是交流电只和作者如何设定有关，或许作者根本就没有考虑过这个问题，但是我们通过一些现象来进行分析也未尝不可。

我们知道皮卡丘的绝招之一是 10 万伏特攻击，10 万伏特在生活中已经算是很高的电了。因此，我们有理由相信皮卡丘体内有增压装置，最常见的增压手段就是交流变压器，所以皮卡丘是有可能使用交流电的，但是很难想象如此萌物体内竟有线圈和铁芯来实现增压。那么在真实的生物中有没有可以发电的动物呢？确实有，如电鳗、电鲇、电鳐等生物。

电鳗的身体可以看作由一个个"电池"（其实是一个个特殊的肌肉细胞）连接而成，每一个"电池"依靠化学能向两端搬运正负离子形成电位差，由于电池串联电位差相加，导致电鳗首尾之间的电位差可以达到几百伏特，这么大的电位差可以轻松电晕甚至电死其他动物。

不过，电鳗的放电过程不是持续的而是脉冲式的，它不能被严格地归为直流电或者交流电。不过皮卡丘的放电过程也是像闪电一样的脉冲式放电，所以它很有可能采用和电鳗相同的发电手段。但是如果是这样的话，显然皮卡丘的发电能力远远高于电鳗。

当然，最终答案也许只有作者才知道。

13. 要多大的声音才能让整个地球都听到?

声音是靠空气振动传播的。声波是纵波,会使空气压缩与膨胀,当声音的强度超过大约194dB(分贝)之后,声波的气压最小的地方已经成为真空(每增加6dB,音量增大一倍)。所以声音继续增大时,对传播距离的增加就不明显了。声波能量的衰减速度与其频率成反比,30℃下10%湿度的空气中,8 000Hz的声波衰减速度为262dB/km,这意味着声音传不了多远就听不到了。那有没有什么办法让声波传播得远一点呢?有的。我们来看看频率更低的声波表现怎么样,30℃下,当声波频率为500Hz的时候,声波衰减的速度变成了3.3dB/km。有希望!这时候我们继续考虑192dB的声音,在50km外依然能够听到27dB的音量。什么概念呢?这个音量大概相当于情侣之间说悄悄话的程度。我们把频率再降低一些!当把频率降到了10Hz,已经是次声波了,这个时候人已经听不见了,但是声波的衰减速度变成了惊人的0.011dB/km!依然是192dB的声音,这一次即使在10 000km之外(大概相当于从北京到芝加哥的距离),音量依然保留到了82dB,大概能够达到题目的要求了,但是由于是次声波,所以人是听不见的。

当然,实际情况下声音不会仅仅依靠空气传播,声波在固体中的传播速度更快,衰减更小(如敲击钢管的声音可以传到很远),所以实际情形下,情况还是要更乐观一些的。迄今为止,人类记录的最大的声音是1883年的卡拉卡托火山喷发,它导致3万多人死于非命。那次火山喷发释放的能量大概相当于1亿吨当量的核弹爆炸,声音在5 000km以外依然听得很清楚。所以总的来说题目的要求还是可以实现的,大概只需要一颗小行星撞击地球就够了。

14. 电影中刀劈子弹的场景现实中能做到吗？如果能做到，肉体和反应需要锻炼到什么程度呢？

我们经常在电影作品中看到主角使用刀劈子弹的场景，《金刚狼》《杀死比尔》等电影中就有类似的桥段，《功夫》中的火云邪神更是直接徒手夹住飞来的子弹。

但是这种场景真的有可能出现吗？如果单纯看刀和子弹的硬度的话，实际上普通家用的刀就可以将高速运行的子弹切开。有人将刀固定在一个平台上然后对着刀开枪，用高速摄影机拍摄子弹被切开的过程。

但是显然这种"刀劈子弹"不论从哪个角度看都不能满足题目的要求，题目想要的是使用肉眼捕捉到子弹的弹道，然后将其一刀劈开。这就有很大的困难了，迄今为止，还没有人成功做到过。但是有一个日本人却声称能够劈开时速接近100m/s的bb弹，他就是町井勋，使用"居合术"中的"一击必杀"拔刀术，将bb弹劈开。町井勋自5岁起拜师学武，现在已经成为居合道名家。曾经创下36分5秒刀砍1 000卷草席的世界纪录。

他站在离射手大概20m的位置，在听到枪响之后迅速拔刀，实际上可能更接近把刀"摆"到bb弹要经过的路径上，然后子弹撞到刀上被劈开。但是这离刀劈子弹还有很大的差距。毕竟即使是手枪子弹在一般情况下速度也能达到400m/s，显然町井勋对手枪子弹还是束手无策的，更不用说速度更高的步枪甚至狙击枪子弹了。以电影中的距离大约为20m来计算，实际上主角一般还没听到枪响，子弹就已经到面前了。我们假设主角看到火光就出刀，光传播的时间忽略不计。那么50ms内主角就要完成反应和出刀，但是正常人的反应速度在300ms左右，运动员经过特定练习对特定刺激（发令枪）的反应速度可以缩短到150～180ms，人类反应速度的极限目前公认为100ms左右。所以人类基本不可能完成这个任务，而且比反应更难的是捕捉到子弹的弹道，以及挥刀。虽然人类难以完成这一任务，但是不要沮丧，随着高速摄影和人工智能的崛起，机器人很有可能能够实现

"刀劈子弹"的创举。先进的高速成像能够实现近每秒4.4万亿帧的拍摄速度，而电机的速度带动机械臂可以轻松达到所需要的挥刀速度，计算机更是能够以非常快的速度准确计算出子弹的弹道。通过捕捉人类挥刀动作，机械臂也能够实现类似的挥刀动作。日本安川电机就做了一个机器人（更准确地说是一个机械臂）跟町井勋学劈草席的技术。

不过把这些技术整合到一起还有很长的路要走，相信在不远的将来，人类能够造出可以"挥刀劈子弹"的机器人。

◆ ◆ ◆

15.从物理学的角度来看，中国龙是怎么飞起来的？

除了鸟类，会飞的动物还有很多，它们都有自己的本事，但它们的飞行并不是鸟那种想升就升想降就降，而是一种长距离的滑翔。比如飞鱼、飞蛙和飞蛇（天堂树蛇）。它们都有一个共同点，具有翅膀或者翅膀类似物。比如飞蛙的蹼很大，张开之后可以用来滑翔，而飞蛇是通过不断的收腹，使整个身体变得扁平，像一个倒扣的"U"形管，犹如一个降落伞，在下落过程中增加空气对身体的阻力，以获得100 m左右的滑翔。但是龙并不是单纯的滑翔，它是可以自由飞翔的。

从物理学上来分析，飞行就是需要机体的部位克服重力做功，提供和重力平衡的力。动物的形态往往是为了形式特定的功能而进化出来的，要飞的动物，就必须具备一定的特征。让我们从形态入手，先来看看中国龙的形态。

中国龙并没有翅膀，长得有点像鳄鱼＋蜥蜴＋蛇的结合体。从形态学的角度来分析，它是不能飞的。在这里我们需要进行一个预先的设定，即龙确实是会飞的，但通过让人产生幻觉或者全息投影让人误以为它在飞的情况不在考虑之列。龙的体内存在一个巨大的囊，囊壁密不透气，具有很强的韧性；囊可以通过收缩和膨胀来改变体积。囊的入口有一个生物固体膜，可以对空气当中的组分进行分离。当龙吸入空气时，空气中的氦气被分离并储存在囊中，龙相当于一个气球，可以获得浮力，而多余的气体则快速地从身体下方、后方排出以获得反冲力，这是它快速前进与上升的动力来源。如果要下降，则氦气被替换为空气。当入水的时候，气体被排出，囊中储存水，与潜水艇原理类似。以上的猜想是基于现有的知识做出的。

◆ ◆ ◆

16.癌细胞是无限增生的，那么可以通过体外培养癌细胞来为人类提供无限食物吗？

　　细胞对培养液中的营养物质利用率并非100%。以养殖动物为例，要想让动物增重1kg，需要喂食的食物肯定比1kg多，所以获取无限食物是行不通的，因为你得投入更多的食物去喂养癌细胞。

　　虽然癌细胞可以无限增殖，但是脱离了人体这一舒适的环境，体外培养的癌细胞是十分娇贵的，因此培养它是一件成本很高的事情，养过细胞的同学对这一点应该深有体会。

　　虽然培养大量癌细胞很难，但如果癌细胞的口感非常好的话，我相信还是会有人来做这个生意的，毕竟没有什么能够阻挡吃货对美食的追求。那么，让我们来分析一下癌细胞究竟好不好吃。大多数癌细胞无氧代谢旺盛，并且缺乏将代谢废物运出胞外的管道，因此其口感会比较酸，甚至会带点腐败的味道。癌细胞表面的粘连蛋白显著减少或缺失，使得它和别的细胞之间不存在黏性，在体内表现为癌症容易转移，在体外表现为松松散散，无法形成块状的肉，大概只能堆积几层细胞。因此，从口感来说，大概会和喝粥差不多……最后再对比一下肉，肉之所以美味，是因为其中包含了结缔组织细胞、肌细胞、脂肪等，这些原料的配比不同得到了不同的口感，所以动物不同部位的肉吃法不一样。而培养的癌细胞就不一样了，它的组成是均一的。因此，从味道、口感、成本来看，培养癌细胞用于食用都是行不通的。

17. 有没有可能存在非常薄却比厚衣服还保暖的衣服？

如果不考虑汗液蒸发散热的话，人体热量的散失的方式主要有三种：热传导、热辐射和热对流。衣服就是通过阻碍这些过程来实现保暖的目的的。虽然衣服的纤维也是热的不良导体，但实际上起到最主要保暖作用的却是纤维缝隙里的空气。目前在常见物质中，几乎没有什么比干燥空气导热系数更小的了。

但这并不意味着纤维本身就不重要了，否则，我们冬天干脆就都穿皇帝的新装了。虽然空气对热传导的阻碍效果很好，但空气很容易通过对流带走热量。因此，保暖衣服要解决的主要问题是保证衣服内存在足量的非对流空气（这也是羽绒服做成块状的原理）。因此，如果能找到导热系数很小的材料做成衣服，就可能实现很薄但保暖却很好的效果，如在身上多裹几层塑料保鲜膜。不过，不透气会让我们的皮肤很难受，毕竟我们傲娇的肌肤既不能暴露在严寒下，也需要保持清新的"呼吸"。

◆ ◆ ◆

18. 如果在地球上搭一个足够长的梯子到月球，人能否慢慢地爬上月球，而不需要第一宇宙速度？（假设人可以一直爬）

空间电梯的概念最初出现在1895年，由康斯坦丁·齐奥尔科夫斯基提出。相当长的一段时间里，它仅仅只是一种科学幻想。也有不少公司曾计划实施这一项目，但目前为止都未实现，事实上也都是止步于设想，因为找不到一种合适的材料来制造足够强度的缆绳。

这事到底有多难呢？

月球与地面不是相对静止的，月球不能保持在地球一个固定地点的上空，因此无法做一个连接月球和地面的梯子。

退而求其次，这里提出两个备选方案。

方案一：

月球上挂一个梯子，与地面不连接，这个梯子的底端随着月球运动，运动到你身边你才能上梯子。月球大约一个月绕地球一周，但很可能不会经过你身边，或者你可以跟随着梯子跑，这时你需要日行八万里的速度。

说明：由于地月之间的潮汐锁定作用，月球的自转、公转周期相同，始终以一面面向地球，这是这个方案的基础。而如果若干年后地月之间的潮汐锁定完成，地球自转与月球公转也将同步，届时月球停留在地球固定地点上空，则可以使用前述两头连接的梯子。

方案二：

地球上挂一个梯子，上端与月球不连接，每天有一次与月球擦肩而过的机会（相对速度大概是28km/s），把握机会爬上去。

但是哪个方案更容易实现一点呢？

其实爬梯速度的困难是可以通过转乘其他交通工具解决的，毕竟不能真的纯靠人肉爬梯子。真正的困难不在于爬梯子，而在于造梯子。我们来算一下太空电梯到底需要多大强度。

这里我们需要考虑两件事：单位质量（1kg）载荷在不同高度保持稳定所需牵引力，太空梯在不同高度所需比强度，即单位线密度（1kg/m）太空梯要抵抗"自重"（此处自重一词包括了地球、月球引力及"离心力"）在不同高度所需内力。

方案一：

这事比较简单，在地面上你把1kg东西提起来就需要大约9.8N的力，而离地球越远，受地球引力越小，物体就越"轻"。另外考虑到它还要随着太空电梯绕地球转，还有"离心力"在帮你，在绕转角速度确定的情况下，"离心力"离地球越远就越大。

其实即使是在地面上提重物也有"离心力"在帮忙，因为地球有自转。而这个方案中太空电梯绕转速度是一个月一圈，远远小于地球自转的角速度，要到27倍地球半径的轨道高度才能提供相当于地球自转提供的"离心力"。

另外，在越过了地月拉格朗日L2点之后，月球引力占主导，维持稳定就需要反向往回拽了。

这事就难了，要求比强度最高达到60GPa/（kg/m³）。如果1m太空梯自重1kg，那这么长的太空梯要维持"自重"，其各部分所需承受的力量最高可达到6 000万牛顿，也就是需要在地面上把6 000 t的重物提起来的力量。直观一点，10根这种材料要提得起辽宁舰，而这种材料每米只能自重1kg。在材料、工艺固定的情况下，要提高强度难免也要提高线密度，而更高的线密度又需要更高的强度。

方案二：

该方案绕转速度与地球自转同步，故到地球同步轨道高度时"离心力"就能抵抗地球引力了，而再向高处走时，需要反向拉扯以抵抗"离心力"。同样，每次靠近月球时要考虑受月球引力影响很大。

这个方案由于绕地球转动角速度太大，高轨道高度处巨大的"离心力"累积影响使得最高需求的比强度达到380GPa/（kg/m³）。

那我们现在手头上有多强的材料呢？目前最强的材料拉伸强度大约是7GPa，是一种碳纤维，可以量产。对于不能量产的，已知的应该是石墨烯和单壁超长碳纳米管，理论上能到100 ~ 200GPa。密度都大约是水密度的两倍多。

那么，就算我们造出38万千米长的石墨烯或者单壁超长碳纳米管材料，它最高也就大约提供100MPa/（kg/m³）的比强度，只达到要求的1/600。

总结：爬梯子不难，造梯子难。

19.金箍棒重一万三千五百斤,孙悟空挥舞起来就跟我们挥舞普通棍子一样,这是不是力气足够大就可以?

想要像挥舞普通棍子一样挥动重一万三千五百斤的金箍棒,当然需要极大的力气,但是只有力气是不够的。即使不考虑空气阻力,在挥舞金箍棒的过程中,因为金箍棒一直处于变速状态中,所以金箍棒自身会受到很大的应力。如果金箍棒不是用强度特别大的材料制成的话,那么不等它打到妖怪身上自己就已经断了。

还有一点是,金箍棒自身质量很大,如果想把它挥得像普通棍子一样,需要施加非常大的外力。根据牛顿第二定律,孙悟空自身也会受到同样大的反作用力。假如孙悟空体重是75kg,如果在空中挥舞金箍棒使它产生$1\,\mathrm{m/s^2}$的加速度,孙悟空的加速度是$-90\,\mathrm{m/s^2}$,远大于重力加速度,也就是说他"咻"的一下就飞出去了。

就像体重轻的人很难驾驭重型步枪一样,因为强大的后坐力会让人飞出。那么孙悟空自身要多重才能驾驭金箍棒巨大的质量呢?按照普通棍子重1.5kg,普通运动员体重75kg计算,孙悟空的体重要达到337 500kg才行。看来孙悟空要是一个无敌大胖子才行。

综上所述，想挥动金箍棒不仅需要巨大的力气，还要求金箍棒自身很坚固，同时孙悟空要是大胖子才行。如果考虑地面承重能力、衣服强度等因素，还要施加更多的限制才行。这里不再详述。

◆ ◆ ◆

20.万有引力无处不在，我们是否可以利用它来获取能源，从而使我们生存、发展呢？

我们可以利用万有引力获取能源，事实上我们已经这样做了。潮汐发电就是这样一种技术。

潮汐发电与普通水力发电原理类似，通过建造水库，在涨潮时将海水储存在水库内，以势能的形式保存。然后，在落潮时放出海水，利用高、低潮位之间的落差，推动水轮机旋转，带动发电机发电。

潮汐是由月球和太阳的引力引起的，引力会造成地球上海面升高、降低的周期性运动，这就是潮汐。因此，潮汐发电的能量来源正是万有引力。

◆ ◆ ◆

21.地球一共有多少个原子？

地球是一个宏观的体系，而原子是组成物质的微观单元，因此在讨论地球有多少原子之前，我们需要先弄清楚如何建立宏观物质与微观原子组成的联系。这个联系在物理学上用阿伏伽德罗常数来表示。它的定义是一个比值，是一个样本中所含的基本单元数，一般定义为 $0.012\,\mathrm{kg}\,^{12}C$ 所含的原子数。目前这个数的数值约为 6.022×10^{23}。弄清了如何描述微观原子与宏观体系的联系，我们就可以用估算的方式大致给出地球原子数目的范围。首先，目前公认的地球的质量是 $5.965\times10^{24}\,\mathrm{kg}$。假设地球全是由最轻的氢元素组成（这样的假设显然不合理，但可以帮助我们估算出地球原子数目的上限），而一个氢原子的质量为 1.660×10^{-27} kg，那么按照阿伏伽德罗常数的思想，地球总共的原子数应该是 5.965×10^{24} kg÷ $(1.660 \times 10^{-27}$ kg$)$＝3.593×10^{51} 个。同理，假设地球全部是由目前已知的最重元素——118号Oganesson元素组成，而Oganesson元素的质量约为 4.880×10^{-25} kg，那么，地球的总原子个数为 1.222×10^{49}。由此我们可以看出，地球的原子总数应该在10的50次方量级上。这是一个十分庞大的数字，庞大到如果一个人1秒数100个原子，那么他也需要大约3亿亿亿亿亿年才能数完，要知道宇宙的年龄也不过137亿年。

◆ ◆ ◆

22.为什么只有圆形的泡泡？

当你吹泡泡的时候，无论用什么泡泡圈，吹出来的泡泡都是近球形的，这是为什么呢？从受力方面分析，当泡泡为不规则形状时，其相邻的两点曲率不一样，则表面张力方向不一样，根据受力分析，水会向合力的方向流动，最后平衡状态为相邻两点受力一致，曲率一致。推广到整体，就形成了一个球体形状。

◆ ◆ ◆

23.为什么红色光和绿色光混在一起可以看到黄色光，而钢琴上的do和mi一起按下去却听不出re来？

这就要从人类的视网膜说起了。人类的视网膜上有视杆细胞和视锥细胞，其中视锥细胞用于感知强光和负责色觉，视锥细胞有L、M、S型三种，分别对红色（Long，长波）、绿色（Medium，中波）、蓝色（Short，短波）敏感。

正是因为有这三种细胞的存在，红、绿、蓝才成为我们人类的三原色。要注意的是，红、绿、蓝之所以是三原色，不是因为物理原因，而是生理原因，如鸟类有四种感知波长的细胞，如果它也像人类一样感知色彩的话，那它的原色是四种。

红色光和绿色光混合可以看到黄色光，那是因为这种混合产生的复色光对视锥细胞的刺激和黄色的单色光对视锥细胞的刺激等效。但这两者本质上是不同的，只是因为人眼的特性，才使得二者看起来一样。事实上，黄色的复色光和黄色的单色光的光谱是完全不一样的。

钢琴上的do和mi一起按下去却听不出re，那是因为do和mi的音混合后和单纯re的音不等效，人耳是可以分辨出来的。

◆ ◆ ◆

24.怒发冲冠可能吗，毕竟头发——特别是长发——那么软？

当人异常愤怒、开心、激动、恐慌的时候，肾上腺激素会大量分泌，头皮的立毛肌会马上收缩，使得毛发直立，所以，帽子可能会向上冲。

另外，当你摸范德格拉夫起电机（就是静电球）时，假设你醉心科研多年没洗头且头秃得只有两根钢铁般硬的头发（当然还是导体），你的帽子是完美的绝缘体且完美地在头发上保持平衡，重量为100g，你的头发长度为10cm，为了方便计算，再次假设你在真空中，电子为了能够使帽子"冲"起来，自发聚集到头发的两侧，而两根头发以头顶为中心呈对称分布（忽略头发自身的重力），此时，利用库仑定律可知：

$$F = \frac{1}{4\pi\varepsilon_0} \frac{Q^2}{r^2}$$

要想使冠"冲"起来，Q大概为10^{-5}的量级，考虑到电流的换算，除以时间，电流为不到0.1mA，属于安全接触电流范围，所以，"怒发冲冠"是可能实现的。

25.火焰导电吗?

要想让某个物体导电就要让它内部存在足够多的自由电子,这样在电场的驱动下才能产生电流。火焰具有较高的温度,高温会增加粒子的动能,使电子脱离气体分子的束缚变成自由电子,整个火焰变成等离子体。因此,当火焰温度足够高时,火焰是可以导电的。我们可以利用火焰导电特性和火焰自身性质相关的特点对火焰的燃烧情况进行监测。比如,可以把一根金属电极插入火焰中,在外加电压的作用下,在喷嘴火焰中产生电流,检测电流的有无就可以判断火焰是否熄灭。

◆ ◆ ◆

26.影子可不可以是彩色的?

影子可以是彩色的,这需要利用色光三原色的原理。

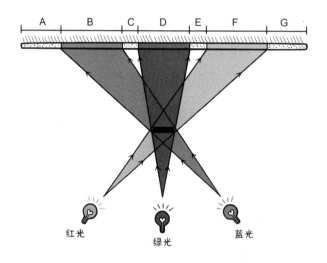

如上图所示,为了简化,将物体抽象成了一条线段,红、绿、蓝三个光源抽象成了点光源。从图中可以看到,A、C、E、G四个区域能被三个点光源照射到,是白色的,而B、D、F分别是蓝、绿、红三个光源的阴

影区。B区缺少蓝光，但可以被红光源和绿光源照射到，根据三原色的成色模式，红光和绿光叠加是黄光，因此B区是黄色的。同理，D、F区分别是洋红、青色的。如果要获得色彩更丰富的影子，可以将图中红、绿、蓝三个光源相互靠近一点，使各自阴影区相互重叠（这样可以得到红、绿、蓝三种颜色的影子），另外，还可以改变光源的强度。

◆ ◆ ◆

27. 人类若同步同向走路，能否扰乱地球的自转？

显然这个问题无法通过做实验来解决，那么我们只能通过设定一些理想的条件来计算这个问题了。

假设地球是一个刚体且有70亿人，人均体重50 kg，又假设所有人都从赤道往一个方向以5 km/h的速率顺着地球自转方向行走（假设赤道上能站得下这么多人）。另外，还要假设地球质量分布均匀且为完美的球形。地球质量为5.965×10^{24} kg，半径为6 400 km。那么当人开始走动时，由人组成的环绕赤道的环（后面简称"环"）开始转动，所以它需要从地球中获取角动量，这样地球损失角动量导致角速度降低。具体降低多少可以通过计算得到：环的转动惯量是1.43×10^{25} kg·m^2，地球的转动惯量是9.77×10^{37} kg·m^2，根据角动量守恒可以看到，地球角速度的变化率约为1/10 000 000 000 000，虽然地球的自转角速度确实变化了，但是你说它几乎没变化也没什么问题。

◆ ◆ ◆

28. 为什么粉笔大多数时候掉到地上总是会摔成两半呢？

"粉笔掉在地上，摔成两半"的问题和"弯曲意大利面时很难得到两段"的问题有异曲同工之处。悉尼大学的罗德·克罗斯（Rod Cross）教授在2015年结合实验给出了粉笔摔在地上断裂成几段的解释。

首先他选用长度为78mm、直径为11mm的粉笔，利用高速摄影机发现了粉笔从不同高度摔落到地上的不同现象：在低于30cm的高处落下，粉笔一般不会摔断；在高度为30～40cm的高处落下，粉笔一般从中间断为两截；在40～50cm的高处落下，一般断为不相等的三截；在高于50cm的高度落下，偶尔会断为不相等的四截。如图所示。

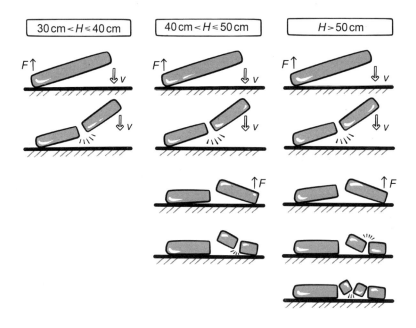

在粉笔下落的过程中，粉笔的一端先触及地面，竖直向上反弹，地面对粉笔突然施加一个力矩。如果其速度足够大，地面对粉笔施加的力矩会使得粉笔直接断裂为两段，断裂位置一般在接近中心位置的缺陷处。如果其速度尚且不够大，则不能够直接断裂。在粉笔一端触及地面时，其两端的速度大小相同，后落地的一端在突然施加的力矩作用下在落地时会得到比先落地一端更大的速度，这个速度如果足够大，也会使得粉笔断裂，这便是粉笔断为两段的情景。

每次碰撞会伴随一定的能量损耗，粉笔在较低的高度落下时，就会多次在地面反弹而不发生断裂；如果粉笔在较高处落下，它首先断裂为两段，其次，未触及地面的一段在下落速度足够大时很可能断裂为两段，这是断裂为三段的情况；如果其首先断裂的一段速度也足够大，当其另一端触及地面时也可能发生断裂，这是断裂为四段的情况。

综上，特定长度的粉笔落地断裂的段数与落地高度直接相关，同时其断裂的方向以及位置也与粉笔的内在缺陷分布、粉笔落地的倾角直接相关。

至于遇到的经常摔成两半的情况，是由于场景限制，高度一般不会发生变化，其断裂的段数对于特定的高度应该是固定的。同时上文提到的具体高度与粉笔材质以及缺陷数量有很大关系，对于具体的粉笔，其对应断裂高度很有可能不同。

宇宙篇

01 . 为什么宇宙膨胀速度会大于光速？光速不是不可超越的吗？

　　宇宙的膨胀并不是指宇宙中不同星系以不同速度运动，导致星系间距离变大，而是空间本身的膨胀。换言之，宇宙膨胀是指空间在膨胀，以致某些星系远离我们的"速度"超过光速。物体的运动速度上限是光速，可是这个上限对空间膨胀是没有约束作用的，这并不违反相对论。实际上，星系本身的移动速度只有每秒几百到几千千米，远远小于光速。

◆ ◆ ◆

02 . 根据相对论，我们的宇宙是没有一个统一的时间的，时间是相对的。那么我们常说的宇宙年龄138亿年是怎么回事？是相对于我们来说的吗？我们怎么知道一定有一条类时曲线连接我们和大爆炸？

　　在广义相对论下的时空是一个整体，要分别定义宇宙的时间和空间，就需要对宇宙的四维时空进行如下图所示的3＋1维分解，分解为一个三维的空间加上一维的时间。把时空按时间来分层，每一层里的时间相同，不妨叫作同时面。

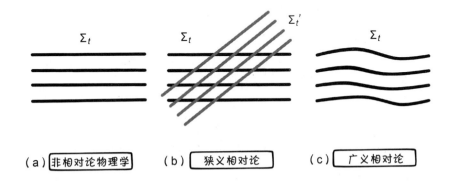

（a）非相对论物理学　　（b）狭义相对论　　（c）广义相对论

　　如图（b）所示，狭义相对论可以有比如$\Sigma t'$和Σt两种甚至无数种分层方式，它们都相互等价，因此同时是相对的。在广义相对论下的宇宙学中，原则上也可以有无数种分层方式，但是因为我们基于宇宙学原理的宇宙学模型只有在一个维度上是演化的，而在另外3个维度上是均匀和各向同性的，把宇宙演化的方向定义为时间的方向，这是一种最方便的分层方式。宇宙的年龄也是在这样一种唯一的分层方式下定义的，同时面也就唯一确定了，就能定义一个确定的时间，这个时间不是相对于某个观测者的，而是宇宙演化本身确定的宇宙标准坐标系。不过由于我们的运动速度不大（相对于光速），引力场不强，我们的时间也可以近似等于宇宙标准坐标系的时间。

确切地说，这样的类时曲线不一定是存在的，在十分接近大爆炸起点的时候（普朗克时间10^{-43}s以内），我们也不知道发生了什么，彼时目前的物理定律失效。但在此之后，存在类时曲线能一直连接到我们现在的世界，比如我们自身在宇宙中所处的位置一直想向前追溯得到的测地线就能够符合要求。

◆ ◆ ◆

03. 普朗克常量是怎么得出的？

1900年普朗克研究黑体辐射问题时，因需要引入了普朗克常量。普朗克假设光场能量是分立的，每份能量的大小是普朗克常量和光频率的乘积，在这个假设下，普朗克一举解决了"紫外灾难"问题。现在，只要在与量子力学相关的场合，就都可以看到普朗克常量，它已经成为最基本的物理量之一。普朗克常量的具体数值可以通过光电效应实验测得，光电效应中的能量关系如下：

$$h\nu = \frac{1}{2}mv_0^2 + A$$

公式左侧是普朗克常量和频率的乘积也就是光子能量，右侧第一项是电子出射动能，A是金属逸出功。可以看出只要测得电子出射动能关于入射光频率变化的斜率就可以求出普朗克常量的数值。现在公认的普朗克常量数值是：

$$h = 6.626\,070\,150\,(69) \times 10^{-34}\,\text{J} \cdot \text{s}$$

◆ ◆ ◆

04.什么是反物质？它为什么会很贵？它是怎么形成的？

首先我们给出反粒子的定义：反粒子是相对于正常粒子而言的，它们的质量、寿命、自旋都与正常粒子相同，但是所有的内部相加性量子数（如电荷、重子数、奇异数等）都与正常粒子大小相同、符号相反。有一些粒子的所有内部相加性量子数都为0，这样的粒子叫作纯中性粒子，反粒子就是它本身，如光子、π^0介子等。如果反粒子按照通常粒子那样结合起来就形成了反原子，而由反原子构成的物质就是反物质。例如，一个质子和一个电子可以构成一个普通的氢原子，而一个反质子和一个正电子（电子的反粒子，带正电，命名上似乎有点让人混淆）则可以构成一个反氢原子。

至于说为什么反物质会"很贵"（可能用"稀有"来表述会更好），我们知道在平常物质世界中，几乎不存在反物质，而要获得反物质则只能在极端的高能实验室合成，成本很高，所以它"很贵"。事实上，在我们已知的四种基本相互作用中，除了弱相互作用，其他三种相互作用都是C宇称守恒的（可以简单理解为正反粒子都是成对出现和湮灭的），而目前已知的宇宙中正反粒子的数量却是极度不对称的，正粒子远多于反粒子，物理学界对此一直没能给出令人满意的答案。

◆ ◆ ◆

05.接收到一束光，我们是如何计算出它是从多少年以前从某个恒星上发出的呢？（最好能用公式解答）

通常我们无法直接得知光传播的时间，这个问题只能先转化成天体测距的问题，知道了光"走"了多少距离，再除以光速，就知道传播的时间了。对于近邻宇宙来说，可以用三角视差法、分光视差法等方法测得天体的距离，然后除以光速得到这束光传播的时间。事实上，不同方法测出的距离并不是同一个物理量，它们只是在近邻宇宙的情况下恰好几乎相等而已。如果是遥远宇宙，则需要考虑宇宙膨胀的影响，这些距离、时间并不等同，我们难以直接测得光行距离（就是可以除以光速得到光行时间的距离），而往往是测得角直径距离、光度距离等。研究遥远宇宙中的天体可以测定其宇宙学红移，通俗来讲，越大的红移代表了更远的距离、更长的光传播时间。有趣的是，在光传播的路上，这段距离在不断增加，所以这里面谈论时间、距离都要涉及坐标系选取的问题。

在这里仅给出一种情景：此时此刻我们站在地球上，看到宇宙中传来的一束光，测得它的红移是 z_0。

$$z_0 = \frac{\lambda_1 - \lambda_0}{\lambda_0}$$

λ_0、λ_1 分别是电磁波发射时和被我们接收时的波长。那么在我们看来，这束光传播的时间（回视时间）是

$$t = \int_0^{z_0} \frac{\mathrm{d}_z}{(1+z)H(z)}$$

其中

$$H(z) = H_0 \sqrt{\Omega_{\Lambda 0} + \Omega_{k0}(1+z)^2 + \Omega_{mo}(1+z)^3 + \Omega_{r0}(1+z)^4}$$

是红移 z 处的哈勃指数。而 $\Omega_{\Lambda 0}$、Ω_{k0}、Ω_{mo}、Ω_{r0} 分别是当今宇宙暗能量、曲率、物质、辐射的组分，根据目前理论模型与实际观测，可以分别取值 0.73、0、0.27、0。

06.向两个相反的方向发射激光，光线走过相同的距离所花的时间是不是不一样？我这样想是想测量地球随宇宙膨胀的速度。

　　根本就不是你想的这样的啊！宇宙的膨胀是均匀、各向同性的，没有一个点是中心。就像一个在充气的气球，不是说以气球中心为原点，地球长在球皮上跟着膨胀离中心越来越远；而是整个宇宙就是球皮，随着时间演化（充气），越来越大，上面的任意两个点之间的距离也越来越远。所以向相反方向发射激光，光线走过相同的距离所花的时间是一样的。但是通过观测遥远的星系远离我们的速度（红移），我们可以计算宇宙膨胀的速度。

◆ ◆ ◆

07.引力波是电磁波还是机械波？

　　都不是。这才是爱因斯坦厉害的地方。之前人们只知道电磁波和机械波两种波，结果爱因斯坦先是说引力可以扭曲空间，又说这种扭曲可以以波的形式传播，当时有人觉得这是痴人说梦，直到100年后我们真的探测到了引力波。

　　机械波波动的是物质，电磁波波动的是电磁场，引力波波动的是空间。做个比喻吧，棋盘就像空间，棋子就像空间中的物质。机械波相当于棋子在棋盘上抖动，以棋盘的格子为参考，哪个棋子在抖一眼就看出来了。而引力波则是棋盘在抖动，棋子是钉在棋盘上的，棋子跟着棋盘抖动，作为处在棋盘上的棋子，两个棋子之间的间隔始终是一个格子，根本看不出有什么变化；也就是说引力波来了以后空间变大或变小，棋子也一样在变大变小，连尺子都在一起变大变小，这个过程中你尽管拿尺子量，永远感受不到距离变化，这个距离叫共动距离。但是光能感到变化！光走的是固有距离，就像我们现在站在上帝视角看这个棋盘，棋盘格子的伸缩是看得出来的。所以LIGO天文台用的就是比较两束光走过距离的长短来替代普通的尺子，最终把引力波给量出来了。

◆ ◆ ◆

08.光子不是有质量吗，那是不是我用一个凸透镜把一束光汇聚在极小的一点上可以制造出一个黑洞？

让我们从凸透镜的角度分析一下这个问题。回想一下在太阳底下玩放大镜的时候，光会聚集在焦点处形成一个很亮的点，可以把纸点燃。现在，仔细回想一下，那个所谓的亮点有多大？事实上它并不是一个点，而是一个比较小的光斑。由于有球差的存在，即便是平行光，在通过透镜后也只会聚焦形成一个光斑，而不是一个点。因此可以想象，当透镜非常非常大时，即便认为太阳光是平行的，光汇聚过来之后也不会是一个密度极大的点，而是一个大大的光斑。

现在让我们再从黑洞的角度来分析这个问题。我们知道，当物体的质量不变时，如果其体积越小则密度越大。对一个质量确定的物体来说，不断压缩将导致其密度越来越大，最终成为黑洞，而在这一过程中存在一个临界半径，即史瓦西半径。当物体的实际半径小于其史瓦西半径时，它就变成黑洞了。假设存在一个非常大的凸透镜，可以汇聚太阳发出的一半光。让我们来高估一下这个问题，认为太阳每秒钟释放的能量全部都以光的形式发出去了。太阳每秒释放的能量为$3.8×10^{26}$J，根据爱因斯坦质能方程$E=mc^2$可以知道这些光子加起来的质量有$4.2×10^9$kg。

史瓦西半径的计算公式为：$R_s = \dfrac{2GM}{c^2}$

代入数据之后，可以解出这些光子如果要形成黑洞，其史瓦西半径须为$6.2×10^{-17}$m。显然，当你用放大镜汇聚光线时，那个光斑的半径都要远大于这个值。$6.2×10^{-17}$m是什么概念呢？氢原子中电子绕原子核运动的半径（即玻尔半径）为$5.3×10^{-11}$m。

如果真的制造出一个完美成像的透镜，那么光在通过这么大的透镜时会损失很多能量，其次在透镜内部光线逐渐汇聚，温度逐渐升高，还没穿过透镜就会把透镜烧毁……

◆ ◆ ◆

09. 为什么重核聚变到铁就结束了？

要回答这个问题就必须亮出下面这张"比结合能曲线图"了。

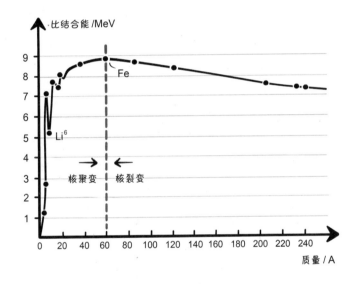

先解释一下什么是比结合能吧。所谓结合能，就是孤立的核子（中子、质子）结合成一个原子核所放出的能量，即把一个原子核拆解成单个的核子所需要的能量。比结合能就是结合能除以原子核内的核子数。从这里大家就能发现，比结合能和化学领域中的键能的概念很相似。键能越大，说明这种化学键越牢固，要破坏化学键所需要的能量就越大。比结合能也有类似的特点，铁具有最大的比结合能，因此铁核是最稳定的。其他核若聚变形成铁核，是释放能量的反应，但铁核聚变则是吸收能量而不是释放能量了，因此说重核聚变到铁就结束了。

◆ ◆ ◆

⑩.太阳的热量会在亿亿亿……年后散发殆尽吗？

恒星的命运基本上由其质量决定（还会受恒星自转、成分、磁场、在密近双星中的地位等因素影响），一个是质量越大的恒星燃烧越快，寿命越短（我没说人哟），另一个是恒星的质量也决定了恒星的最终归宿。

恒星的内部进行的是核聚变反应，产生大量能量，其辐射压抵抗了恒星自引力，使其不会在自引力下坍塌。恒星质量不够大的话，氢聚变至氦就终止了。质量足够大的恒星有足够大的压力使氦被加温点燃聚变成碳，再大质量的恒星可以使碳点燃聚变成氧，最后是氧聚变成铁，到这里恒星核聚变的本事就到头了。

质量较小的恒星年老的时候，核聚变能力下降，辐射压不足以抵抗自引力，恒星开始从核心坍塌，外壳冷却膨胀，变成红巨星（或红超巨星）。在最后的负隅顽抗之后，红巨星会爆发，把核心外的物质抛掉，被吹散的外壳形成行星状星云，而剩余的核心质量小的变成白矮星，逐渐冷却至黑矮星；质量大一点的恒星其自引力压力可以战胜电子简并压，变成中子星；质量更大的恒星，其压力可以进一步战胜中子简并压，形成黑洞。

太阳目前是一颗G2V型主序星，已经燃烧了46亿年，预计还可以继续燃烧50亿年。以太阳的质量，它最终会走白矮星这一条路。

◆ ◆ ◆

⑪.黑洞因其强大的引力致使光都无法逃逸，那为什么黑洞还能发出X射线？难道说X射线的运动速度超过光速？

这是因为X射线不是从黑洞内部逃出的，而是从黑洞周围的吸积盘中发出的。

　　黑洞具有很强的引力，弥散在宇宙中的气体和尘埃会被黑洞的强引力场吸引，逐渐落入黑洞中，因为通常被黑洞吸收的物质具有一定的角动量，所以会旋进式地落入黑洞，在黑洞的周围形成一个盘状的结构，叫作吸积盘。在物质落入黑洞的过程中，一方面引力对它做功；另一方面由于吸积盘不同半径处旋转速度不同（越靠里速度越大），从而产生摩擦力。这两方面的作用使得落入的气体被加热到很高的温度，进而放出电磁辐射。放出的辐射的频率由吸收它们的中心天体所决定。对于黑洞这种致密天体而言，辐射出的通常是X射线。因为发出X射线的吸积盘实际上位于黑洞的视界外部，所以X射线能被观测到就不足为奇了。

　　广义相对论预言的黑洞神秘而又有趣，但在天体物理中探测黑洞的存在却是不容易的。因为黑洞的吸积盘释放的X射线可以被观测到，所以X射线也是搜寻宇宙中黑洞的踪迹的绝佳线索。实际上，天文学家们也正是通过对X射线的分析，来从浩渺的宇宙中寻找黑洞的。

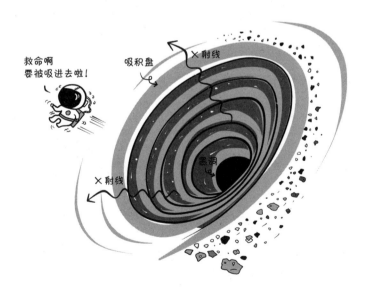

12.黑洞的背后是什么？它吸了那么多东西，都到哪里去了？

黑洞也有不同品种，这里我们只讨论最理想最简单的黑洞——史瓦西黑洞。结论是这个黑洞吸入的东西去了黑洞的奇点。

什么是奇点？这就涉及知识盲区了。

一般的科普都会给出一个叫共形图的东西，根据这个国际惯例，在这里给出史瓦西黑洞的共形图（见下图）。

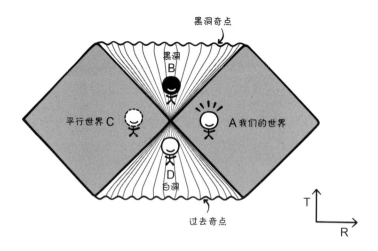

其中A区域表示黑洞视界外我们生活的世界；B区域表示黑洞视界内部，其最上边的线表示黑洞的奇点；C区域表示另一个渐进平坦时空，与我们的世界没有联系；D区域是白洞，其最下面的线表示过去奇点。C和D区域就比较抽象，不过没关系，接下来的讨论只涉及A和B区域。

图中纵轴是时间，横轴是空间，并且仍然遵守闵氏时空的光锥坐标系，即物质只能在上光锥中传播，如我们发现A区域的东西可以进入B区域也可以不进入。A区域的东西如果进入B区域，B区域中所有的东西最终的宿命就是落入奇点。

值得一提的是，我们这里只是讨论了史瓦西黑洞，也存在其他黑洞比如克尔黑洞，如果掉进这个黑洞里面，可以选择从黑洞里出来而不是掉进奇点。

13.太阳系为啥是扁平的，有可能是立体的吗？

实际上不止太阳系，很多恒星系统包括星系、黑洞吸积盘、土星的圆环都是扁平的。这是为什么呢？让我们来看一下太阳系形成之初发生了什么。根据现有的理论，太阳系形成于46亿年之前。在那之前，太阳系是一团星云，星云里面的物质由于引力作用会相互吸引、相互碰撞然后凝聚在一起，那为什么大部分行星几乎都运行在同一平面上呢？这主要是因为我们生活的空间是一个三维空间。

在三维空间中，一团物质因为引力作用运动和转圈的时候，把它们作为一个整体考虑，就是绕着质心在旋转，垂直于旋转轴的那个平面上下的物质由于碰撞向上和向下的动量抵消了，只剩下平面内的动量，最后表现为所有行星都几乎在同一个平面内运动。实际上根据数学计算，在四维空间中，物质可以绕两个相互独立的轴旋转，就没有上下的动量相互抵消了，最后星系团就会保持星系团的形状，但是那对于生活在三维空间中的我们就是难以想象的了。

◆◆◆

14.如何不用微积分的原理给小朋友解释地面为什么是平的而地球是圆的？

在纸上画几个大小不一样的圆，然后做圆的割线，如下图所示。

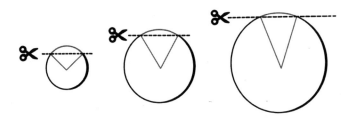

给小朋友展示线段上方的圆弧，让他再画更大的圆，然后再画割线得出同样的圆弧。可以发现，当圆画得非常大时，上方的弧线弧度已经

很小了，会越来越接近"平地"。而我们的地球非常非常大，因此我们站着的地方就是平地了。

15. 为什么月亮跟着我走？

我们都有这样的体会，当我们走夜路的时候，一边走一边盯着月亮看，仿佛它是跟着我们在走的。甚至当我们开车的时候它也是以同一个速度在跟着我们，这是为什么呢？这其实是视差在作怪。那什么是视差呢？简单来说，就是离我们越远的物体，它的运动越不明显。比如我们在走路的时候，看到周围的物体角度在明显地变化，我们由此判断出自己在运动，而周围的事物是静止的。这个时候我们去看月亮，由于月亮距离我们非常远，导致我们看月亮的角度变化并不大，就会造成我们相对月亮没有运动的错觉。其实谚语里边说的"望山跑死马"也是这个道理。我们对地月距离的"感知"是非常薄弱的，包括太阳和其他行星也是同样的道理，当我们在走的时候也会觉得它们在"跟"着我们。

视差有一个重要的作用就是在天文上测量天体与我们之间的距离，

当地球随着太阳转动的时候，我们在夏天和冬天看到的天空是有变化的，而离我们越远的天体变化就越小。如果把地球在冬天和夏天的位置的连线看作一段圆弧，那么这段弧长除以冬天和夏天远处天体的角度的变化就大致等于地球到天体之间的距离。

◆ ◆ ◆

16.月球能够用万有引力吸引它地面上的尘土，那么为什么它不能吸引空气分子，反而是真空呢？

因为月球质量太小了，产生不了足够将气体分子束缚在月球周围的引力，所以月球上几乎没有空气。那为什么它能束缚表面的尘土呢？因为尘土的运动速度远远小于气体分子。

当然，行星表面能否形成大气层不仅与行星的质量有关，跟行星表面的温度也有很大关系，我们都知道气体的速度分布是遵守麦克斯韦分布的，有相当一部分气体分子的运动速度非常快，而且相对分子质量越小的气体高速的分子越多，就越容易逃逸，所以地球大气层中氢气和氦气量非常少。当气体接近行星表层的时候，频繁地碰撞使得分子难以逃逸，但是在更高的地方，分子的碰撞很少，速度高于行星逃逸速度（对于月球大约是2.5km/s，很明显，很少有尘土会达到这个速度）。而逃逸速度主要跟行星的质量有关，对于地球，这个速度是11.2km/s。那为什么一些其他的质量跟月球接近的卫星（如土卫六，质量大约为月球的两倍）表面也有大气层呢？主要是因为土卫六与太阳的距离更远，表面温度更低，表面的气体分子更不容易逃逸也更不容易被太阳风吹走。

◆ ◆ ◆

17.为什么有时候月亮看起来是银白色的，有时候是橘黄色的呢？

月球发光事实上是反射的太阳光，太阳光在可见波段是连续谱，继而被人眼所见为白色（不懂的同学可以理解为七色光，七种颜色叠在一起就是白色光）。一个物体如果只（主要）反射某种色光，那它就体现为什么颜色，如树叶反射绿色光为绿色，墙反射可见波段所有光所以为白色，墨水几乎不反射可见光所以为黑色。月球也几乎无偏向地反射所有可见光，故而为灰白色，而月球上明显暗淡的"月海"实际上是月球上的一种富含锰元素的玄武岩，对光的反射弱一些，呈现更暗淡的颜色。

月球反射的光要被我们看到还需要穿越大气层。首先要说明天空为什么是蓝色的，因为大气会散射蓝色光，太阳光中的蓝色光被散射得漫天都是，故而天空是蓝色的。当太阳在地平线附近时，太阳光需要穿过的大气层更厚，蓝色光被散射更严重，所以颜色更红一些，而正当午则偏黄白。月球也是如此，贴近地平线时，月球表现为橙色；在天空高处时，颜色变白。空气越澄澈，月球越白（散射不严重），否则就发黄。月全食时，月球躲入地球的影子，无法被太阳光照射到，但其实仍有部分太阳光经过地球大气的折射到达月球，而这一部分光也经历了地球大气的严重散射，故而偏红，所以月全食时看到的是昏暗的血月。

◆ ◆ ◆

18.月球总是正面朝向地球，那么其正面的坑是怎么形成的呢？

这位朋友的问题非常好，我们先来了解一下这个问题的背景。月球表面的坑是被陨石砸中形成的，月球由于潮汐锁定，长期以一面面向地球，故而有正反面之分。月球的背面有更多的陨石坑，而正面却更为平坦，这是因为月球正面受到地球的保护。那么地球对月球的保护作用有多大呢？

地球的平均半径为6 373 km，是月球半径的4倍，而地月间的平均距离是38万千米，也就是中间可塞满30个地球。地球作为月球的盾牌只能遮挡一个很小的角度，约为2°。另外，陨石不是从远处像子弹一样直线射过来的，而是会在地球、月球的引力场中进行曲线运动。从地球方向射向月球的陨石大多会受地球的引力而偏离，而偏折角度的大小与陨石原轨道和地球之间的距离、陨石和地球之间的相对速度有关，轨道高度一定时，相对速度越小角度偏离越大，相对速度太小的甚至会反向被地球捕获与地球相撞。（但大部分小陨石在大气层中燃烧殆尽，不会撞到地面上，这种情况就不能称为陨石了）

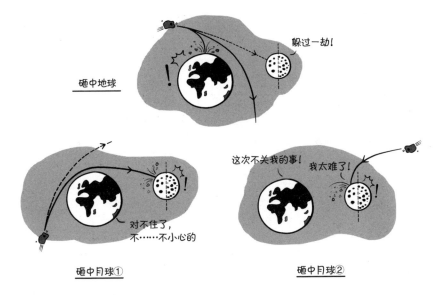

接下来要回答问题了！既然地球的保护这么到位，那么为什么月球正面还是"挨打"了呢？大概有两种情况，一种是地球可能会把本来没有瞄准月球的陨石偏折到射向月球的轨道。另一种就是背面来的陨石在月球引力下经过轨道的偏折反而在正面撞击。（见上图）

学习篇

01.什么是非牛顿流体？有什么用？

我们经常在一些节目里边看到人在一个装满液体的池子里快速奔跑，参与者的速度稍慢，就会陷下去，掉入池子里，但是他们跑得比较快的时候，却感觉像在平地上奔跑。这是怎么回事呢？实际上，池子里装的是非牛顿流体中的一种，叫作膨胀型流体。这种流体的黏性会随着剪切速率增大而快速增大，也就是"遇强则强"。当液体遇到一个非常快的外部的打击的时候，它的黏度会突然增加变得像固体一样，所以能够支撑起来人的重量，使人不掉到池子里去。太白粉溶液（这里的太白粉指生的马铃薯粉）就是这种典型的膨胀型流体，有节目演示过用锤子去砸太白粉溶液，并不能砸下去，但是如果将手缓慢放入太白粉溶液的时候又感觉没有阻力。由于这种优良的性质，膨胀型液体被用来做防弹衣。常见的膨胀型流体还包括面粉溶液、泥浆等。

当然除了膨胀型流体还有黏性随着剪切速率增大而变大不明显的液体，叫作假塑性流体，这种液体搅拌速度越快，越省力，它会有维森堡效应、开口虹吸现象、熔体破裂、巴拉斯效应等有趣的现象。还有另外一种叫宾厄姆流体，它的性质为在某个范围的作用力下，不会发生形变和流动，只有当外力达到一定值之后它才会发生形变和流动。比如我们常见的牙膏，也是一种非牛顿流体。

◆ ◆ ◆

02.什么是虹吸现象？它的原理是什么？

狭义的虹吸现象指将液体充满一根"U"形的管后，将开口高的一端置于装满液体的容器中，容器内的液体会持续通过虹吸管从开口低的位置流出，如下图所示，液体克服重力上升的过程中没有任何"泵"的作用。

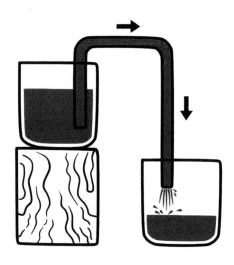

经典的理论认为：液体在重力的作用下从出口流出时，会在虹吸管的最高处产生真空，形成负压，左边的液体在大气压和该负压之间压强差的作用下上升，进入虹吸管，持续不断地从容器中通过虹吸管流出，其中，大气压起着重要的作用，对应虹吸管高度有着一个极限值。但是实验发现，虹吸现象也可以在真空中发生，据此提出了类似于链式模型的"内聚力学说"。

◆ ◆ ◆

03.如何简要证明阿基米德浮力定律？（最好不要用到高等数学）

既然高等数学是用来处理变化的东西的，那我们就先让东西不变化以适应初等数学。我们拿一个长为L、底面积为A的立方体竖直浸入水中（没有比这个更简单的情景了）。我们不妨假定现在知道了初中的物理知识：水中的压强与深度呈正比 $p = \rho g h$，先看立方体前后左右四面的受力情况：这四个面不用数学计算（否则又得积分），利用对称性可知，前后和左右面显然都受到大小相同且方向相反的一对互相抵消的力，所以这四个面上的受力抵消了。

现在看立方体上下两个面，如果上面浸入的深度为 H，那么上面会受到水向下的压力 $\rho g H A$，而下面所在的深度则是 $H+L$，受到向上的力 $\rho g(H+L)A$，那么，这两个力互相抵消之后剩余向上的力 $\rho g L A$，也就体现为浮力。现在我们来看看阿基米德原理是怎么描述的：物体所受浮力等于排开液体的重力。排开了多重的水呢？排开了体积为 LA、密度为 ρ 的水，其重力为 $\rho L A g$。

$F_1 = \rho g H A$
$F_2 = \rho g\ (H+L)\ A$

阿基米德

◆ ◆ ◆

04. 游标卡尺的工作原理是什么？

游标卡尺由主尺和附在主尺上能滑动的游标两部分构成。主尺一般以毫米为单位，即一格刻度对应 1mm，而游标上则有 10、20 或 50 个分格。以 10 分格为例，其 10 个分格加起来一共是 9mm，即每一个刻度对应着 0.9mm。

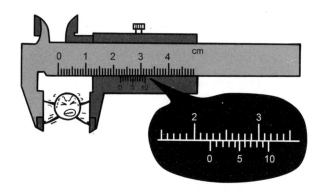

　　如上图所示，被测小球的直径实际长度是游标的刻度0所指的位置。但这一位置位于主尺的两个刻度之间，即其直径为2.2～2.3cm，只能精确到1mm。十分度的游标卡尺可以提供0.1mm的精度。读数时先读出0刻度左侧的数值，然后再看游标第几条刻度与主尺刻度重合，乘以0.1mm加到主尺度数上即可。

　　假如游标的0刻度正好处于2.2cm的位置，则游标的刻度10正好位于3.1cm处，因为游标的刻度之间间距为0.9mm，此时前9个刻度都不会与主尺的刻度重合。对第一刻度来说，其位于2.3cm左侧1mm－0.9mm＝0.1mm处，因此当游标的0刻度往右移动0.1mm时，其第一条刻度便与主尺重合了，此时测量的长度便是2.2cm＋0.1mm＝2.21cm。而当0刻度往右移动0.2mm时，刻度1跑到了2.2cm右侧0.1mm处，但此时刻度2则正好与主尺刻度重合了，因此测量的长度便是2.2cm＋0.2mm＝2.22cm，以此类推。

◆◆◆

05.地球轨道上，卫星中的设备是处于失重状态的，那么电机带动的转盘是不是不需要考虑其转动惯量了呢？是不是说转盘的转动惯量近似为零呢？

　　物体的转动惯量既和它的质量有关，也和它的质量的几何分布有关。

两者不论是在地球上还是在失重环境下都是客观存在的。所以在失重状态下，转盘也是具有转动惯量的。我们从质量入手来分析一下直觉上的错误。我们可能认为在失重状态下物体不受力也可以飘起来，所以物体没有质量。其实不然，物体的质量是物体自身保持自己运动状态对抗外界干扰的属性。虽然失重状态下物体可以自己飘起来，但是你想让它改变运动状态还是需要对它施加外力的，而且它的加速度和在地球上一样满足 $F = ma$。而在地球上物体需要外力才能飘起来的原因是物体时刻受到重力的作用，只有施加外力抵消掉重力才能让物体飘起来。对于转动惯量也是一样的，转动惯量可以看作物体维持自身角动量的属性，想要改变转盘的角动量，一定要给转盘施加力矩才行。正是因为这个特性，陀螺仪才有指示方向的功能。

◆ ◆ ◆

06. 真空的意思到底是什么？真的是什么也没有吗？

一般情况下，在实验室中定义的真空，笼统来说，只要是低于大气压就可以算作真空。但是，低于大气压的状态有很多，所以我们对真空进行分级。其中，低真空的压强为 $10^5 \sim 10^2 \text{Pa}$；中真空的压强为 $10^2 \sim 10^{-1} \text{Pa}$；高真空的压强为 $10^{-1} \sim 10^{-5} \text{Pa}$；超高真空的压强小于 10^{-5}Pa。

随着人们越来越多地利用一些精密仪器，不论是用来生长材料、显微观测还是能谱测量等，都对真空环境有非常大的要求。其原因就是真空并不是什么都没有！不论人们利用何种泵来获得真空环境，真空中都会有杂质分子。其区别就是，在生长或观测的样品上，几分钟就沉积一层杂质分子和几小时沉积一层杂质分子的区别。

真空的定义可以有好几个层面，在量子力学或场论中，真空是哈密顿量处于基态的一种状态。

07.什么是最速曲线？原理是什么？

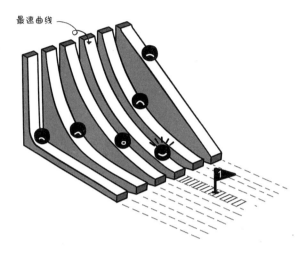

最速曲线

最速曲线，从字面上理解，就是"速度"最快的曲线，这里的"速度"是指平均速度、瞬时速度，抑或是速率。物理上有一个著名的最速落径问题。竖直平面内，不在同一铅垂线上的两个固定点之间的许多条曲线路径中，能使质点以最短的时间从高位置点到低位置点自由落下的那条曲线，称为最速落径，是一条旋轮线。

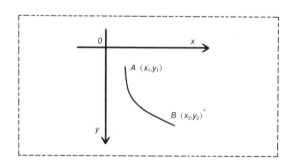

如图所示，A 点坐标（x_1，y_1），B 点坐标（x_2，y_2），质点从 A 点沿曲线无摩擦下滑到 B 点，我们以 A 点同时作为零势能点和坐标原点，质点（x，y）代表其运动轨迹，根据能量守恒定律，不难得出质点下滑的瞬时速率为：

$$mgy = \frac{1}{2}mv^2 \rightarrow v = \sqrt{2gy}$$

利用弧长公式得到下滑的总时间为：

$$t = \oint_{AB} \frac{ds}{v} = \int_{x_1}^{x_2} \frac{\sqrt{1+y'^2}}{\sqrt{2gy}}\,dx = \int_{x_1}^{x_2} F(y,y')\,dx$$

下面需要对时间求极值，以得到最短时间对应的y的方程，利用欧拉方程求解，最后得到：

$$\begin{cases} x = \frac{a}{2}(\varphi - \sin\varphi) \\ y = \frac{a}{2}(1 - \cos\varphi) \end{cases}, \quad a\text{为常数}$$

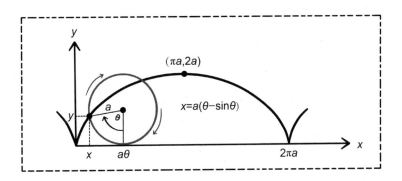

此参数方程对应的旋轮线即为"最速曲线"。关于欧拉方程的详细求解，可以参考卢圣治主编的《理论力学基本教程》（第二版）180 ～ 187页。

◆ ◆ ◆

08.为什么物体加速度的大小跟物体质量成反比？

一般我们接触到的情况是给出力和质量，求加速度，用到的公式是$F = ma$。从公式可以看出，当力大小不变时，物体加速度大小和质量成反比。但要真正解答这个问题需要知道力和质量是如何定义的。我们把讨论限制在牛顿力学的范围内，以下讨论提到的加速度均指质心加速度。首先让我们忘掉关于牛顿第二、第三定律的知识，从头开始了解力和质量：以物块相互碰撞的情况为例，假设我们所掌握的技能只有测量物块的位置和时间（利用尺子和钟表就能做到这一点，显然这不需要任何关于力学的知识），就可以计算物块的速度和加速度。

下面我们让物块A和B相互碰撞并测量它们的加速度。你会发现，无论A和B怎样相碰，它们的加速度总是方向相反且大小之比是$a_A/a_B = x_1$；接下来让A和C相撞得到：$a_A/a_C = x_2$；同样有$a_B/a_C = x_3$且$x_3 = x_2/x_1$。其中x_1、x_2、x_3都是常数，不随碰撞的形式而改变。这些都是通过实验直接得出的结论，可以当作自然界自身的性质。只要我们将任意一个物块和A碰撞过程中的加速度之比记录下来，就可以计算任意两个物块碰撞过程中的加速度之比。所以，两个物体碰撞过程中加速度之比只和物块自身的某个性质有关，而与碰撞方式无关。我们把这个性质定义为质量m，它的数值定义为两个物体的质量之比是加速度之比的倒数（定义1）：$m_A/m_B = a_B/a_A$。如果将A的质量定义为单位质量，那么通过测量与A碰撞时的加速度可以测量其他任何物块的质量。同样，可以把加速度和质量的乘积定义为力$F = ma$，这就是牛顿第二定律。我们还能发现，碰撞过程中两个物体所受的力大小相等、方向相反，这就是牛顿第三定律。通过上面的分析可以看出，与其说加速度大小和质量大小成反比，不如说质量定义为加速度的反比。

读者可能还有疑问：从上面的分析看，质量还可以有其他的定义方式，如质量之比等于加速度反比的平方（定义2）。为什么非要选加速度的反比？其实，按照定义2的方法也可以建立力学体系。但是真正应用的时候会非常复杂混乱。比如，两个物体的质量之和并不等于将两个物体看作一个整体的质量，这不符合我们对质量的定义。选择定义1主要是因为它形式简洁、用法简单，而且在引力理论中，定义1得到的惯性质量等于引力质量。

最后提供一道思考题：按照定义2，两个质量为1的物体合在一起质量是多少呢？

09.不受外力的转动的物体的转动惯量改变时为什么遵循角动量守恒而不遵循机械能守恒?

首先要明白一点,角动量守恒是一定不受合外力的,因为想要保证体系角动量守恒就要使外力矩为零,显然不受外力的情形满足这个要求。但是不受外力并不能保证体系机械能守恒,因为机械能守恒条件是体系里只有保守力,所以即便体系不受外力,如果体系内包含非保守内力,体系就有可能机械能不守恒。比如,如果不考虑空气阻力,悬空自行车旋转的车轮最终也会停止转动,因为自行车内部的摩擦力会把机械能转化成热,机械能自然不再守恒。

◆ ◆ ◆

10.同是曲线运动,为什么平抛、斜抛运动加速度不变,而匀速圆周运动就与众不同?

曲线运动有很多种,其加速度方向由受力方向决定,所以曲线运动的加速度可以朝着任何方向。不同的加速度会形成不同的运动轨迹。题目可能想问的是:同样是万有引力(忽略地球自转、公转和空气阻力造成的影响)提供加速度,为什么平抛和斜抛运动的加速度可以看作一直不变,而绕地球表面的匀速圆周运动的加速度一直在变?这是因为抛体运动的加速度并不是绝对不变而是近似不变。因为抛体运动的运动范围比较小,在这个范围内可以认为引力的方向一直不变。但是严格来说,地球表面的抛体运动都是椭圆运动的一部分,加速度是一直指向地心的,所以也在时刻变化。

◆ ◆ ◆

11.为什么在碰撞中完全非弹性碰撞动能损失最大?

能量是守恒的,但是能量的形式比较多,动能会转化为热能等,因此碰撞的前后动能并不一定相等。而在碰撞的过程中动量是守恒的，也就是说碰撞前的总动量和碰撞后的总动量是相等的。

动量和动能是对应的：$E_k = \dfrac{p^2}{2m}$，式中 E_k 为动能，p 为动量。

如果要求碰撞后的总动能，相当于是在给定了 $p_1 + p_2$ 下求 $\dfrac{p_1^2}{2m_1} + \dfrac{p_2^2}{2m_2}$ 的值。显然总动能是 p_1 与 p_2 的函数，既然是函数就可能存在极值，而 p_1 与 p_2 的和是一个定值，因此实际上只有一个变量，即如果知道了 p_1，那么就知道了 p_2，因此实际上就是一个一元函数求极值的问题。这个函数存在极小值，解出来的 p_1 与 p_2 正好就是完全非弹性碰撞的情况。

◆ ◆ ◆

12.绝对零度时，分子会停止运动吗？

以量子力学里的一维谐振子势为例，能量 $E = \left(n + \dfrac{1}{2}\right) hw$，$n$ 最小取到 0，此时 E 始终大于 0。即便是绝对零度，分子仍具有一定的能量，即零点能，因此还是会运动的。

我们知道微观粒子具有波粒二象性，而波是不可能静止的。

根据不确定性原理 $\Delta x \Delta p_x \geqslant \dfrac{\hbar}{2}$，如果微观粒子静止，则意味着 $\Delta x = 0$，那么此时 Δp_x 将趋于无穷大，既然有了动量，那么自然就是运动着的了。

所以绝对零度时，分子不会停止运动。

◆ ◆ ◆

13.为什么降低气压液体沸点会降低？

当液体沸腾时，在其内部所形成的气泡中的饱和蒸气压必须与外界施予的压强相等，气泡才有可能长大并上升，也就是说沸点是液体的饱和蒸气压等于外界压强时的温度。外界气压降低之后，液体所需要达到的饱和蒸气压也会降低，因此沸点降低。

从微观角度看，升高温度会使液体分子热运动加快，使液体分子更容易从液体中逃逸出去，而逃逸的分子会与大气中的气体分子发生碰撞，进而被撞回液体一部分。当大气压降低后，气体分子的密度下降，因此，升高温度时液体分子更容易逃逸出去。

◆ ◆ ◆

14.离心力可以消减重力加速度吗？

地球在自转，因此地球表面的我们便在做圆周运动，那么自然就受到向心力，万有引力提供了向心力。而把向心力这一部分减去之后，就是我们所受到的重力。圆周运动如果保持角速度不变，则半径越长所需要的向心力越大，因此赤道上重力加速度小，而两极重力加速度大。

最后说一下离心力和向心力的关系。离心力是在非惯性系中引入的惯性力，使得牛顿定律能够继续成立，离心力与向心力大小相同、方向相反。因此离心力越大，重力加速度越小。

◆ ◆ ◆

15.为什么玻璃棒这类物体能够引流？

中学化学中讲到，用量筒量液体时要平视液体的凹液面。虽然看起来是液面凹陷下去了，但实际上是和玻璃接触的液体被吸引过去了，因此间接地形成了凹液面。液体之间存在表面张力，而液体和固体之间也存在作用力。如果固体对液体的吸附能力强，则会形成凹液面；而如果吸附力比液体表面张力小，则形成的是凸液面。从现象来看，就是液体会沿着玻璃壁流下。因此，在倾倒时，液体容易沿着瓶口从瓶外壁流下，必须增大倾斜角以利用液体重力来对抗器皿的吸附力，这种操作伴有一定的危险。当用上玻璃棒时，玻璃会吸附液体，因此液体就顺着玻璃棒流下去了。

16.胡克定律只适用于弹簧吗？

当然不是了！

当你去拉一个弹簧时，你会觉得拉得越开所需要的力越大。回想一下，除了弹簧，是不是还有很多东西也有这个特点？比如橡皮筋……

事实上对于固体材料来说，受到外力之后都可以发生形变，此时在物体内各部分之间产生相互作用的内力，以抵抗这种外力的作用，并试图使物体从变形后的位置恢复到变形前的位置，在所考察的截面某一点单位面积上的内力称为应力（σ），而变形的程度称为应变（ε）。

$$\varepsilon = \lim_{L \to 0}\left(\frac{\Delta L}{L}\right)$$

在应力低于比例极限的情况下，固体中的应力σ与应变ε成正比，即$\sigma = E\varepsilon$，式中E为常数，称为弹性模量或杨氏模量。E是材料本身的性质，与材料的宏观形状无关。

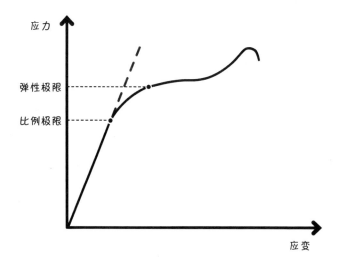

因此对于力F来说，有

$$\frac{F}{S} = E\varepsilon = E\,\frac{\Delta L}{L}$$

式中 S 为应力作用的面积。

对于弹簧来说，其横截面的面积 S 在伸长时几乎不变，而其原长 L 也是确定的。因此把上述的公式变一个写法，即

$$F = \frac{ES}{L}\,\Delta L$$

此时 ES/L 就可以看作常数 k，由于应力和应变的方向相反，因此式子前需要加上负号，这就成了我们熟知的胡克定律。

事实上对于任何材料，只要它在比例极限的范围内，就符合胡克定律。

◆ ◆ ◆

17.为什么水的比热容最大？

首先，我们先给出一个客观事实，水的比热容 [4.2kJ/（kg·℃）] 虽然大，但不是最大的，如氢气 [14.3kJ/（kg·℃）]、氦 [5.0kJ/（kg·℃）] 等都比水的比热容大。

其次，我们从物理概念的角度出发来解决这个问题。比热容，应该定义为单位质量的物质升高1℃吸收的热量（这里是单位质量的物质，而不是单位体积的物质，大家特别注意一下）。从物理量的定义来看，物质分子量越小，吸收热量越大，比热容就越大。

水升高温度吸收热量大的原因在于氢键，一是氢键多，二是氢键能量大。温度升高的过程，伴随着氢键解离的过程，直到水达到沸点附近。

当然水的分子量小，也对其比热容大做出了突出的贡献。如果你仔细去研究下比热容表，可以发现，许多小分子量物质的比热容都是很大的。

18.为什么分馏可以用来分离混合液体，难道液体只有在沸腾状态下才会变成气体吗？

分馏是分离几种不同沸点的混合物的一种方法，实际上就是利用液体沸腾时发生液体—气体相变进行的多次分馏。这种相变是一级相变，具有相变潜热，此过程中蒸汽和液体的温度不会持续上升。通过外接的冷凝管收集该温度下的蒸汽，将不同沸点成分的液体分离出来，冷凝收集是根据测得蒸汽温度是否发生变化来判断是否为同沸点成分的液体。

在液体稳定存在的前提下，液体和气体的相互转化在微观角度上看其实是分子热运动的结果，分子热运动是每时每刻都存在的。在封闭系统中，液体和气体的相互转化在宏观上存在一个动态平衡，单位时间内液体转化为气体分子的数量等于气体转化为液体分子的数量，转化的速度与温度有关，此时气体的压强为该温度下的这种液体饱和蒸气压。对于开放系统，由于气体分子会向外扩散，无法达到动态平衡，液体会持续转化为气体，这个过程即为蒸发，蒸发在升温过程中的任何温度下都能发生。沸腾实际上是一个剧烈的蒸发过程，但只会在达到沸点后发生，这也是分馏利用沸腾而不利用蒸发来分离液体的原因。

◆ ◆ ◆

19.焰色反应的根本原理是什么？

我们把少量金属样品或者含有金属元素的试剂放在无色火焰上灼烧，不同种类的金属会把火焰变成不同的颜色，这就是焰色反应。之所以出现不同的颜色，是因为不同金属原子内部的能级不同，能级就是原子中的电子所被允许的能量状态。

比如，在氢原子中，能量只能是 $-13.6\,eV$（eV是一种能量单位）、$-3.4\,eV$等。在不同的金属中，电子所被允许的状态也是不同的，利用这个特点我们就可以区分不同的金属原子。

焰色反应和能级有什么关系呢？金属原子在火焰的灼烧下会从低能量状态转变到高能量状态，然后又转变到低能量状态，同时伴随发光，发光的颜色由两个不同能量状态之间的差值决定。

所以，我们可以这么理解焰色反应：不同的金属原子具备不同结构的能级，不同的能级结构意味着电子在不同能级之间跃迁时会放出不同能量的光子，不同能量的光子表现为不同颜色的光。所以我们可以用火焰不同的颜色来鉴别原子的种类，这就是焰色反应的本质。

◆ ◆ ◆

20. 盐水可以降低溶液熔点的原因是什么？有没有升高熔点或升高/降低沸点的方法？

要回答这个问题，我们要先来看看水是怎么结冰的。当温度降低到冰点以后，水分子开始不那么"自由"了，相邻的水分子之间开始形成氢键，并自发形成有序的晶体结构，最后形成冰的结构，每个水分子都相对固定地在一个小的区域内振动。

其实这是一个动态平衡的过程，不断地有水分子脱离这个结构，同时又不断地有水分子参与进来，形成相对固定的晶体结构。但是盐的加入打破了这个动态平衡，盐离子与水分子结合起来，使得参与形成冰结构的水分子变少了，减弱了上述动态平衡的第二个过程，但是当温度继续降低，又会重新形成一个新的动态平衡，反映到宏观上就是熔点降低了。

至于提升水的熔点，通过加压有希望实现，不过需要加到 635 MPa，这是 6 000 多个大气压了，在那以前熔点几乎不怎么变。降低气压也能提高熔点，但是只能提升 0.01 K，实在是太不给力了。还有一种方法就是加特定溶质，如 $CaCl_2$，当 $CaCl_2$ 的质量分数超过 38% 以后，熔点就会超过 0℃。

若提升沸点，加压就可以了，我们常用的高压锅就是通过提升压强来提高沸点的，降低沸点也可以通过降低压强来实现，高原地区水的沸点都比较低，所以他们要用高压锅。除此之外，向水里加盐也可以提高水的沸点，向水里边加酒精可以降低水的沸点。

◆ ◆ ◆

21.如何理解"晶体是空间平移对称破缺的产物"这句话?（原子位置的周期性破坏了任意平移的不变性）

首先解释一下对称性自发破缺的概念：当系统哈密顿量（或拉氏量）具有某种对称性时，它的基态可能会是简并的，若系统最终不能处于这些简并态的叠加态，而是由于涨落，任意选择其中的一个不具有系统对称性的态，那么该系统的对称性自发破缺了。理解对称性自发破缺机制最好的例子就是用Ising模型来刻画磁体的自发磁化问题：我们知道Ising模型本身具有一种Z_2对称性，也就是对于将所有自旋翻转过来这样的操作，系统会保持不变，所以它的基态有自旋为+1和自旋为-1这两个简并态。但是由于热力学涨落的关系，系统最终只会选择这两个态中的其中一个，而不会选择它们的叠加态。至于原因，简单来说就是它们的叠加态是一种长程关联的态，在热力学极限下会很快退相干，极度不稳定。显然，无论系统最后选择的是自旋全部为+1还是-1，系统的基态都不再具有Z_2对称性了，如果此时我们测量该系统的磁化强度的话，会发现系统具有自发磁性，而磁化方向取决于系统选择了哪个态。

同理，晶体相变也一样：系统哈密顿量包括原子的动能和原子间相互作用两个部分，前者与原子坐标无关，后者只与原子间相对位置有关，因此系统哈密顿量具有连续的平移对称性（即对于将所有原子向同一个方向移动相同的距离这样的操作，系统保持不变）。但是同样由于热力学涨落，系统的基态是每个原子只会占据在规定的位置这样的晶体态，只具有相应的晶格平移对称性，所以说系统的连续平移对称性自发破缺了。

22.为什么气体溶解度会随着温度升高而降低，随着压强增大而增大？

气体溶解到液体里是一个动态平衡的过程，实际上不断地有气体分子从液体中逃逸出来，又有气体分子溶解到液体当中去。当温度升高时，气体分子的热运动加剧，因而更容易从液体表面逃逸出去。而当压强增大时，相当于是液面外的气体在挤压要逃逸出来的气体，因此就不容易逃逸出来，此时单位时间内进入溶液的气体分子要比从溶液中逃逸出来的分子多，因而溶解度增大，直到达到新的平衡，即单位时间内进入溶液的气体分子与从溶液中逃出的气体分子数相等，此时溶解达到饱和状态。

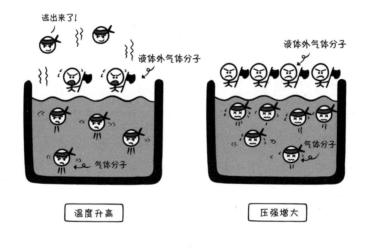

◆ ◆ ◆

23.pH指示剂的原理是什么？

酸碱指示剂本身是弱酸或者弱碱，会和溶液中的氢离子或者氢氧根离子发生反应，生成共轭酸或者共轭碱。酸碱指示剂本身和生成的共轭酸或共轭碱表现出不同的颜色，从而能起到指示pH的作用。

比如高中生物书上用来检测二氧化碳的溴麝香草酚蓝，属于弱碱，它在pH低于6.0时显黄色，pH高于7.6时显蓝色。

而平时使用的pH试纸是广泛的pH试纸，由百里酚蓝、甲基红、甲基橙、溴麝香草酚蓝、酚酞和溶剂按一定配比配制后再在纸上干燥而成的，因为含有指示不同pH值范围的指示剂，且不同指示剂显示的颜色不同，所以能依靠丰富的颜色变化来指示很宽的pH值。

◆ ◆ ◆

24.我同桌告诉我铊（Tl）一般不是正三价，但铊不是和铝（Al）属于同一族吗？

我们从简单的原子核和核外电子的角度考虑，原子序数越大，意味着原子核质子越多，对核外电子的库仑吸引力也越大，也就意味着电子速度会很大，甚至接近光速。这个时候我们就需要想到狭义相对论效应。这个时候电子的质量大于静质量 m_0（如Hg，1s电子质量 $m \approx 1.2\,m_0$）。根据Bohr原子模型，电子轨道半径和电子质量成反比，也就意味着s轨道出现收缩，而外层的d、f电子，由于收缩产生的屏蔽作用，减少了库仑吸引力，从而出现了膨胀，即这一效应使内层轨道的能量降低，而外层轨道能量升高，也就对应常说的相对论性收缩以及膨胀，主要分别作用于s、p轨道以及d、f轨道。

我们也常用相对论性效应来解释惰性电子对（表现比较明显的就是 $6s^2$），比较常见的就是金（Au）及其周边的 $6s^2$ 惰性电子对效应，表现为有-1价的类卤素性质的金，0价相对稳定的汞单质，相对稳定的+1价铊等。当然铊也有+3价，就像铅也有+4价一样，铊在失去p电子以后再失去 $6s^2$ 电子导致的结果就会表现出强氧化性，不再稳定了。

◆ ◆ ◆

25.永磁材料的磁性是怎么产生的？

永磁材料，即能够长期保持磁性的材料，也称为硬磁材料。其特征为：矫顽力高、剩磁大、磁滞回线面积大。永磁材料分为铁氧体永磁材料和合金永磁材料。最常见的铁氧体永磁材料就是自然界中直接可以获得的磁铁（Fe_3O_4）。合金永磁材料则包括最先能够大量生产的永磁体淬火马氏体钢以及稀土永磁材料。三代稀土永磁材料分别为$SmCo_5$、Sm_2Co_{17}和$Nd_2Fe_{14}B$。

我们这里以稀土永磁材料为例来解释其磁性起源。稀土永磁材料主要是由4f稀土族元素和3d过渡族元素构成的金属间化合物。

3d金属元素的原子磁矩主要来源于3d电子，而晶体场会导致3d电子轨道磁矩被冻结，因此磁性主要来源于未抵消的自旋数。前面提到的Fe和Co电子组态分别为$3d^6 4s^2$、$3d^7 4s^2$，对应的金属表现为铁磁性。

稀土元素的原子磁矩主要贡献来源于4f电子。而4f电子由于受到外层6s、5p电子的屏蔽作用，表现出局域性。同时根据RKKY相互作用，即局域电子和传导电子间的交换作用，导致传导电子自旋极化，从而形成间接耦合，表现出铁磁性（这里不考虑Friedel振荡等复杂的情况），从而产生自发磁化。

◆ ◆ ◆

26.一块磁铁，靠近铁芯，铁芯被磁化后其周围磁场会增强，也就是说磁场能量增大了，此处增加的能量从哪里而来？

铁磁性物质的磁性是由宏观上足够小微观上又足够大，并带有磁矩的小磁畴表现的（每个磁畴可以看作一个超小的磁铁）。在没有被磁化时，磁畴随机指向各个方向，磁畴产生的磁场会相互抵消，所以物质并不表现出磁性。当有外界磁场时，磁畴受到外界磁场的作用而指向外界磁场方向（可以想象很多个指南针在磁场中的情况），这就是磁化过程。磁矩在磁场中具有的能量如下公式。

$$E = -\vec{M} \cdot \vec{H}$$

其中 E 是能量，M 是磁矩，H 是磁场强度，并且 M 和 H 同方向。

由此可见，在磁化过程中，铁磁性物质中的磁畴之间相互作用的能量降低。损失的能量一部分转化成了电磁场的能量，另一部分由于转化成了热量在磁化过程中释放了出去。

◆ ◆ ◆

27.为什么切割磁感线会产生电？

首先，磁感线只是人们为了描述磁场而提出的一个概念，你把一堆铁屑隔着一个木板放在一个磁铁上边，然后轻轻敲打木板，铁屑会沿着磁感线的方向排布。与之类似的还有铁磁流体随着磁场的变化舞动。

在切割磁感线的时候，是导体沿着与磁场方向夹角不为 0 的方向运动。考虑最简单的情形，导体棒垂直于磁场方向向下运动，由于导体里有自由电子，自由电子随着导体棒向下运动就有一个向下的速度 v，那么它会受到洛伦兹力，在垂直于 v 和 B 的方向上形成电流。

除了切割磁感线，变化的磁场也会在导体中感应出电流。1831 年，法拉第发现电磁感应现象（1832 年被美国科学家约瑟夫·亨利再次独立发现，电感的单位就是以亨利命名的）。

麦克斯韦由此发现了更为基础的麦克斯韦方程组（加上洛伦兹力定律即可导出经典电动力学所有方程）。这里有一个很有意思的思考是电磁感应只与磁场和导体的相对运动有关，而与单是磁场的运动或者单是导体的运动无关。设想你与导体相对静止，那么就会看到磁场相对于你的运动，你会认为电流的产生是由磁场的运动导致的。当你与磁场相对静止时情况会反过来，所以电流的产生不依赖参考系的选取。爱因斯坦关于这个问题和当时人们找"以太"总是失败的思考催生了狭义相对论，感兴趣的读者可以拜读一下经典论著《论动体的电动力学》。

28. 安培力是洛伦兹力的宏观表现，但洛伦兹力永不做功，为什么安培力还能做功？

　　大家在学习安培力的时候，遇到这个疑问时，课本上给出的解释是，安培力只是洛伦兹力的一个分力，所以安培力做功而洛伦兹力不做功。

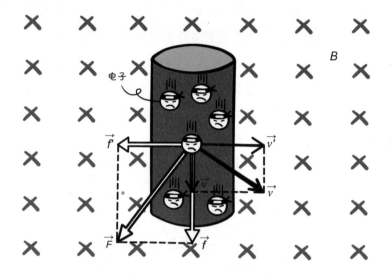

　　图中导线以速度 v 向右运动，其中电子受到洛伦兹力 $f = evB$，在洛伦兹力 f 作用下，电子以速度 v' 向下运动，受到洛伦兹力 $f' = ev'B$。

　　一个力所做的功，可以用合力与合位移的内积计算，也可以求各个分力做功的代数和，使用第二种方法，则计算得洛伦兹力做功为

$$A = (\vec{f} + \vec{f'}) \cdot (\vec{v'} + \vec{v'})$$
$$= f \cdot v' - f' \cdot v$$
$$= evBv' - ev'Bv = 0$$

表现为洛伦兹力不做功。

　　这个时候，洛伦兹力更多地起到中介的作用，将非静电力做功转化为电势能。

29.为什么带电导体处于静电平衡时，静电荷分布在导体表面，而且曲率半径大的地方电荷密度小？

静电平衡是指导体中自由电子无定向移动（热运动一直存在），电场分布不随时间变化。无论导体带不带电，它在外电场的作用下，自由电子向电场的反方向做定向运动，由此产生的感应电场与外电场方向相反且随着自由电子增多而增大，直到与外电场相等、内部电子停止定向移动，达到静电平衡。电荷在表面是其定向移动的结果。

导体表面的电荷分布情况不仅与表层的曲率有关，还与导体本身的形状特性有关，受周围介质分布情况以及导体的带电状况影响。对于孤立带电导体而言，定性的规律是，曲率越大，电荷分布越密集。值得注意的是，电荷密度与曲率之间不存在单一的函数关系。

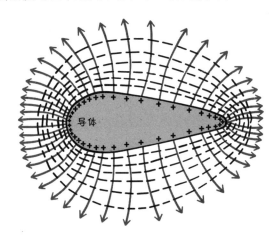

◆ ◆ ◆

30.想知道一节电池是怎么确定电动势的，或者说为什么设计好之后电池就刚好有这么大的电动势，这与哪些控制因素有关？

电池的电动势其实是电池内部各相界面上所形成电势差的代数和。电池内部有三种电势差：接触电势差、液接电势差和电极与电解质界面间的电势差。接触电势差是由于不同金属的费米能级不同，需要依靠接触电势差来补偿费米能级的差异；液接电势差是两种不同电解液，或者同一种电解液但是浓度不同的溶液接触产生的电势差；在电池中，接触电势差和液接电势差都很小，电动势主要受电极与电解质界面间的电势差影响，该电势差与电极和电解质有关。

以大家很熟悉的锌铜原电池为例，在标准状况下，相对于氢标电极电势，Zn^{2+}/Zn 为 $-0.7628V$，Cu^{2+}/Cu 为 $0.3402V$，那么可以得到标准状况下，锌铜原电池的电动势是 $0.3402-(-0.7628)V=1.1030V$，当然随着反应的进行，电解质中组分的活度不会一直维持在"1"，因此实际情况中，锌铜原电池的电动势是要应用能斯特公式来计算的。

总结一下，一节电池的电动势主要与正负极的电极电势之差有关，电极的电极电势是由电极本身决定的，选定了电极与电解质，电池的电动势也就确定了。

◆◆◆

31. 如果在无氧环境中利用电流热效应加热碳，碳是否会熔化？

在低气压无氧环境下加热碳，碳会直接升华变成碳蒸汽，但是在加压之后会熔化。这是一个很好的问题，实际上科学家真做过这个实验，还做了不少。2005年有人写了一篇综述总结从1963年到2003年科学家在这个问题上做出的努力。[Measurements of the melting point of graphite and the properties of liquid carbon (a review for 1963-2003)]

从1930年开始就陆续有科学家通过各种手段，如激光、电流来做关于碳的熔化实验。我来解读一下下面的图，最下面的 0.001GPa 是10个大气压，可以看到标准大气压下在 3 700℃（0℃＝273.15K）左右石墨会直接汽化变成碳蒸汽。随着压强增加到100个大气压左右，石墨会先熔化成液态的碳，熔点在4 000℃左右。当大气压增加到10万个大气压左右的时候，石墨会向金刚石转变，石墨就被压成钻石了，熔点依然在4 000℃左右。当压强接近1 000万个大气压的时候，金刚石就很难熔化了。我们都知道金刚石在真空中加热会变成石墨，证明金刚石也是由碳原子构成的，而金刚石极高的硬度和稳定性都得益于碳原子之间的化学键非常坚固（可以理解为它们之间由很强的胶水粘在一起）。单层石墨的碳原子之间同金刚石一样有着很强的化学键，层间通过范德瓦耳斯力凝聚在一起，所以石墨的熔点也非常高。

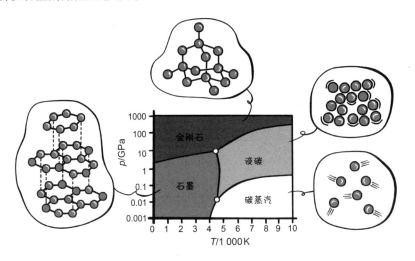

◆ ◆ ◆

32.请问两物体因接触而产生的热传导，如何用微观粒子来解释和描述？

　　热量从高温物体向低温物体传递是自然界的基本性质。热传导的微观机制不是用一两句话可以完全说清楚的，但是我们可以通过最简单的简化模型一探究竟。

　　假设有两个完全一样的小球，一个小球动能大，另一个动能小。把它们丢进一个内壁光滑的盒子里，小球之间只发生弹性碰撞，可以发现在两个小球碰撞过程中，高速小球更倾向于速度变小，低速小球更倾向于速度增大（并不一定会出现这种结果，只是这种情况出现的可能性大），极端情况就是运动的小球和静止的小球相撞，结果一定是静止的变运动，而运动的小球减速。过一段时间再观察，之前速度大的小球的平均动能降低了，速度小的小球的平均动能增加了，也就是说高速小球的能量传递给了低速小球。这对应于宏观中的高温物体向低温物体传递能量。如果只是考察接触传热的话，把运动的小球换成彼此用弹簧连起来的小球就行了。

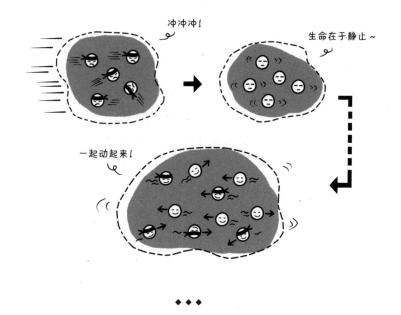

33.物体表面积变大，热辐射就变大吗？

在表面温度、表面状态均不变的情况下，增大物体表面积确实可以增大热辐射功率，而且功率正比于表面积。这个问题很好理解：假设一个表面的辐射功率是 P，那么再找一个完全一样的表面，那么两个表面总辐射功率显然是 $2P$。如果直接把表面的面积扩大到原来的两倍，相当于把两个一样的表面拼接在一起，辐射功率也是2*P*。所以增大表面积，辐射功率会线性增大。

••••

34.热电效应是什么？有什么应用？

首先，简单说一下什么是热电效应，当金属或者半导体两端有温度差的时候，两端会产生电势差，如果用导线将两端连起来，就可以形成通路。不仅如此，当我们给一个温度分布均匀的金属或半导体两端加上电压以后，也会产生一个热流动，时间长了，两端会产生温度差。前者被称为塞贝克效应，后者被称为帕尔贴效应。但是由于对大部分金属和半导体来说，这个热流的量级远小于电流产热的量级，所以我们几乎感觉不到它的存在。

那为什么会有这么神奇的效应呢？主要原因在于载流子（金属中的电子、半导体中的电子和空穴）在传导的时候会携带热量。当金属或者半导体两端有温度差的时候，热端的载流子扩散速度更快，就会在冷端形成电荷聚集，正是这个电荷聚集导致了电势差。反过来，当给金属或者半导体两端加上一个电压，载流子的单向流动也会导致热流动，从而形成温度差。

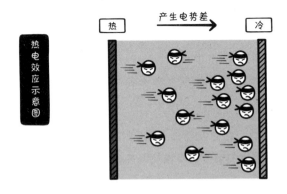

热电效应示意图

　　说了这么多，热电效应有哪些用处呢？第一个用处就是发电。一些制造业工厂每天都会产生大量的热量，这些热量无法利用就被浪费掉了，我们可以通过烧水的方式来利用它，但是显然这是非常低效麻烦的。如果我们用热电性能好的材料将其转化为电能，变废为宝，将为节能减排做出重要贡献。第二个用处就是用来测量温度。我们只要恒定温度计其中一端的温度，然后把另一端接触到我们要测温的物体上测量电势差，就可以知道要测的物体的温度啦！其测温范围上至1 000℃，下至零下270℃，分辨率还很高，是各大实验室居家必备神器之一。

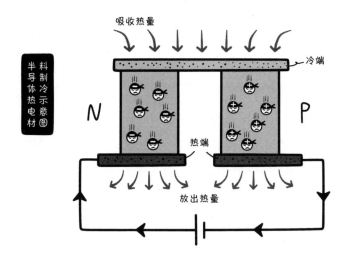

　　热电器件还可以用来制冷，上图就是利用半导体热电材料制冷的示意图，我们给两个半导体通电，就会使它们的载流子从冷端向热端移动带走热量，但是这个制冷量非常小，通常用于微型制冷。

◆◆◆

35.光是否具有动量？

　　光具有波粒二象性，既然有粒子性，那么就具有质量、动量的属性。爱因斯坦在光电效应的解释中提出了光量子的概念，认为一个光量子的能量是$E=hv$。接下来让我们引用爱因斯坦最广为人知的方程——质能方程$E=mc^2$。

如果这两个方程都是对的（事实证明确实如此），那么用它们来描述同一个光量子，能量E应该是相等的，因此有$mc^2=hv$。光速等于波长乘以频率，即$c=\lambda v$。

在等式$mc^2=hv$两边同时除以光速c之后，左边的mc即为一个光量子的动量，因此一个光子的动量为h/λ。

◆ ◆ ◆

36.光学显微镜分辨率受到可见光波长的限制，那电子显微镜会受到物质波波长的限制吗？

先说一下光学显微镜的分辨率。光学显微镜的分辨率受光波波长的调制，其原因可以用夫琅禾费衍射说明，当光波通过圆孔或狭缝时，会发生衍射现象。比如光在通过圆孔时形成如下图所示的衍射斑点，就是一个模糊的斑点和周围的衍射条纹，而不再是一个绝对的亮点。

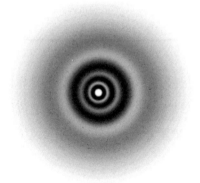

在衍射发生时，其衍射斑点的角半径受波长的限制，公式为：

$$\Delta\theta=\frac{\lambda}{a}$$

式中 $\Delta\theta$ 为斑点的角半径，λ 为光波波长。a 是小孔半径，这是光波的衍射造成的像点的分辨程度的度量，小孔半径在分母上，所以这个现象只有在小孔半径小于等于光波波长的时候才会比较显著。两个光点之间的距离要大于这个角半径所决定的距离，否则两个亮斑重合在一起无法分辨。在这个限制条件的推导过程中，并没有限制其必须为光波，除了光波，物质波的衍射也符合同样的规律。只要满足波的叠加原理的就会满足这个关系，存在类似的分辨率限制。电子，其性质由态函数描述，而态函数满足薛定谔方程，也能发生衍射。所以其成像的分辨率也会受到电子波波长的限制。只不过电子的物质波波长远小于光子的波长，动能为 1 eV 的电子的德布罗意波长为 1.23 nm，是 1 eV 的光子波长的 1/1 000 左右，所以其对应的分辨率也高得多。

◆ ◆ ◆

37. 为什么有些金属离子在水中有颜色而有些没有？颜色又是怎么产生的呢？

在水中有颜色的金属离子往往是过渡金属离子。

因为过渡金属有一个未充满的价壳层 d 轨道，所以过渡金属往往有不止一种氧化态。当过渡金属离子与中性或带负电的配体结合时，它们会形成所谓的过渡金属配合物。配体通过共价键或配位键与中心离子结合。常见配体有水、氯离子和氨。

当一个配合物形成时，因为有些电子更靠近配体，过渡金属离子的 d 轨道形状会发生变化，这样就会发生 d 轨道的分裂：一些 d 轨道进入高能级，而另一些则进入低能级。这样就形成了一个能隙。电子可以吸收光子，从低能级跃迁到高能级。被吸收的光子的波长取决于能隙的大小。（为什么 s 和 p 轨道发生分裂时不会产生有色复合物？因为形成的能隙比较宽，吸收的光子处于紫外线区域，肉眼观察不到）

另外，由于过渡金属具有未充满的价壳层d轨道，所以有人将锌、镉、汞排除在过渡金属之外，因它们有充满的价壳层d轨道。根据化学常识我们知道，Zn^{2+}在水中是无色的，这与其d轨道充满了电子有关。

◆ ◆ ◆

38.原子中电子从基态到激发态的过程是瞬间移动还是像我们跳楼梯一样有一个跳动的过程？

当我们谈论电子跃迁时，我们在谈什么？在量子力学中，我们用波函数描述电子的状态。当一个电子处于基态时，电子波函数就是基态波函数，当电子波函数中渐渐出现激发态的波函数时，我们说电子开始向激发态跃迁。直到电子波函数中的激发态波函数占主导地位时，我们说电子跃迁到了激发态上。

波函数的演化依赖薛定谔方程，它让电子的波函数在时间上连续变化，波函数不发生突变，因此电子跃迁是需要时间的。定性地讲，电子跃迁时间和两个能级的能量差之间满足 $\Delta t \Delta E \sim h$，其中h是普朗克常量。从氢原子的基态跃迁到第一激发态的时间约为10^{-16} s，在人类眼中，把它当作瞬间的过程也没有什么不妥。

◆ ◆ ◆

39.镜面反射时光走的路程是最短的，光怎么知道它走这条路的路程是最短的？

光没有自由意识，自然不知道自己走的这条路是最短的。实际上，在镜面反射过程中，量子理论认为光其实走了所有可能的路径，每条路径都是平等的。而在几何光学中，光走的路径最短是在经典极限下的描述。

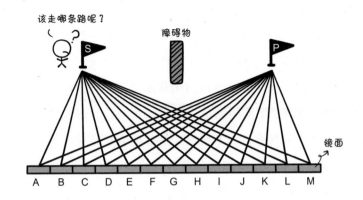

如上图，一个光子经过镜面反射从S到P的过程中，实际上走了各种可能的路径，每种路径贡献一个概率幅（相当于一个复数），从S到P的概率是所有这些不同路径给出的概率幅叠加的结果。但不同的路径因为路程不同，所以光子走的时间并不相同，于是相邻的路径贡献的概率幅实际上会有不同的相位。如果路程不是最短的，较小的路径移动就会带来比较长的路程差，那么相邻的路径之间的时间差就会比较明显（如图中的SAP、SBP两条路径），这样，它们之间就会发生比较明显的相消干涉从而其贡献相互抵消。而对于SGP这种路程最短的线，它的微小移动不会带来比较明显的相位差别，因此这部分的概率幅就会被保留并成为主要的贡献者。所以从实际的效果来看，就等于光走了最短路程的线。

著名的物理学家理查德·费恩曼就是通过对这个问题的深入思考，提出了著名的路径积分理论。路径积分理论现在已成为理论物理的一块基石。

◆ ◆ ◆

40. 用逐渐减小狭缝宽度的方法能否使穿过狭缝的一束光不断地变窄？

当狭缝很宽的时候，减小狭缝的宽度确实可以让穿过的光束不断变窄；但是当狭缝的宽度窄到与光的波长相当时，情况就不一样了，此时光在通过狭缝时会发生衍射。光的衍射可分为两类：一类为菲涅耳衍射，又称近场衍射；另一类为夫琅禾费衍射，又称远场衍射。对于菲涅耳衍射来说，可以借助惠更斯-菲涅耳原理来简单地说一下，该原理的表述为：在光场中任取一个包围光源的闭合曲面 Σ，该曲面上的每一点均是新的次波源，观察点 P 的振动是曲面 Σ 上所有次波源发出的次波的相干叠加。当一个点光源在通过狭缝时，其波面会被挡住一部分，但没有被挡住的那部分仍能够作为波源再发射次波，而发射出的次波是球面波，因此最终投在屏幕上的宽度就比狭缝宽。

对于夫琅禾费单缝衍射来说，衍射光经透镜汇聚后会在屏幕上形成明暗相间的条纹。

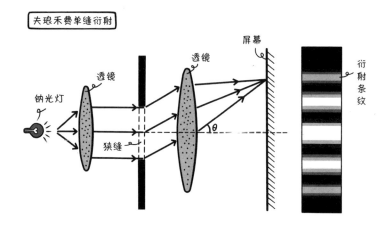

条纹特点是最中央是一条特别明亮的亮条纹，然后两侧分布着明暗相间、亮度较小的条纹。

中央最亮的条纹的半角为 θ，θ 的大小与狭缝宽度 D 成反比，即 $\theta = \lambda/D$。从公式可以看出，如果狭缝越窄，则形成的亮条纹越宽。

需要注意的是，衍射现象只有在障碍的尺度与波长相当时比较明显，另外，由于生活中很多光源并不是单色光，因此各衍射图案混合在一起就会变得不可分辨。

41. 在做电子衍射实验时，为什么要对电子进行高压加速？如果电子能静止，波长会无限大吗？

物质波发生衍射的条件和光波发生衍射的条件是一致的，其中一个很重要的条件是波长与狭缝宽度或障碍物的尺度相近。在做电子衍射实验时，我们通常需要利用电子衍射来观测特定的物质的微观结构，我们需要使电子波长与待测物质微观结构特征尺寸一致，因此需要对电子进行高压加速以得到某种特定波长的电子，同时我们还要保证电子能够源源不断地打到待测样品上，因此也需要利用电场加速对电子的运动方向进行控制。

对于第二个问题，根据热力学第三定律，绝对零度无法达到，电子是不能够绝对静止的。

◆ ◆ ◆

42. 请问双缝实验是为了探究什么？

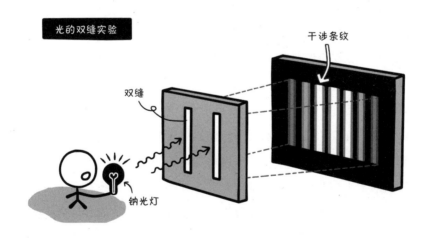

光的双缝实验

干涉条纹

双缝

钠光灯

想象这样一个场景，你的面前有一堵铜墙铁壁，在墙上有两道互相平行的狭缝，而在墙的后边则是一面"沙墙"，无论什么东西打到它上边都会被"吸收"。此时你拿着一把机关枪对着双缝射击，那么子弹将有一定概率从缝中穿过去打到后边的墙上。随着射入子弹数量的增多，墙所吸收的子弹也将越来越多。假设这把枪枪口经常跑偏、瞄得不怎么准，因此你打出去的子弹可能会往各种方向偏离，再加上子弹在通过狭缝的时候可能会发生偏折，故而墙后边的子弹并不会聚集于一个点，而是有一定的分布。

分别关闭其中一个狭缝，而对着另一个狭缝射击，得到两组子弹分布的数据 P_1 与 P_2，然后将两个狭缝全部打开，同时对着两个狭缝射击会得到子弹分布的数据 P。我们发现 $P = P_1 + P_2$。

接下来我们把实验变一下。在 S 处有一个电光源，光源右侧有一面不透光的墙，在墙上有两个狭缝分别位于 S_1 和 S_2 的位置，在这面墙后边还有一面墙。

关闭 S_2 狭缝，让光只从 S_1 狭缝通过，可以得到墙上的光强分布 I_1。然后，关闭 S_1 狭缝，让光只从 S_2 狭缝通过，可以得到墙上的光强分布 I_2。

最后，将两个狭缝同时打开，让光同时从两个狭缝通过，在墙上还会得到光强分布 I，此时 $I = I_1 + I_2$ 吗？

答案是不等于！

从 S_1 和 S_2 射过的光都是来自 S 处的，且从 S 到 S_1 和 S_2 的距离相等，因此 S_1 和 S_2 处的光我们可以认为它们是"相同的"。对于接收墙上的不同位置，即两束光交汇于不同位置时，各自走的光程不一样。

如果光具有波动性，则光程不一样，对应的相位也不一样。因此将两束光加在一起，光强并不是简单地相加，还额外有了一个干涉项。这一干涉项的大小与两束光的相位差有关，其不仅有正值还有负值。当取正值时，合光强比两束光的光强直接相加要强；而取负值时，合光强为 0。因此墙上的光强会随着位置的变化而变化，有明有暗，并且具有一定的规律性，即明暗相间的条纹。

因此，如果光的双缝实验结果是明亮相间的条纹，那么便证明光具有波动性。

双缝实验可以验证波动性，不仅是光，电子也可以。关于电子的双缝实验非常经典，感兴趣的读者可以参考《费恩曼物理学讲义·第三卷》。

••••

43. 微观的自旋是怎么提出的？该如何理解？

1925年，G.E. 乌伦贝克和S.A. 古兹密特受到泡利不相容原理的启发，分析原子光谱的一些实验结果，提出电子具有内禀自由度——自旋，并且有与电子自旋相联系的自旋磁矩。

事实上，早在他们之前，一名叫Kronig的年轻人就提出了电子自旋的假定，但由于泡利的反对，没有发表自己的成果。（泡利，学术界的"上帝之鞭"，怼过许多人，很少失手）

电子的自旋并不是绕自身轴转动引起的，它与空间的运动没有任何关系，因此也不能用坐标变量来描述。电子自旋及相应的磁矩是电子本身的内禀属性，这是电子的一个新的自由度。因此描述电子需要4个量子数，即n、l、m、s。

证明电子具有自旋的实验很多，如著名的Stern-Gerlach实验。

更进一步，狄拉克发现，电子自旋是一种相对论效应，系统的理论需要用到相对论量子理论，在这里我们就不深入讨论了。微观粒子都有自旋，自旋为$h/2\pi$偶数倍的粒子为玻色子，为奇数倍的则为费米子，如果是费米子则波函数对于两个粒子是交换反对称的，因此不可能有两个粒子和费米子处于同一个单粒子态，这便是泡利不相容原理。

••••

44. 量子力学在实际生活中有哪些应用？

量子力学看起来很违背常识，高深莫测，但是生活中量子力学无处不在，毫不夸张地说，如果没有量子力学就没有今天的生活。下面列举一些典型的例子。

1. 激光：激光器中的电子受激发跃迁到高能级，高能级的电子在特定光的影响下会集体向低能级跃迁并释放大量光子，从而实现光放大。激光具有高亮度、高方向性和高相干性的特点，在实际生活中有大量应用。

2. 磁共振成像：磁共振成像利用磁共振来确定物体内原子核的位置和状态，从而绘制物体内部的结构，在物理、化学和医学中都有大量应用。

3. 太阳能电池：太阳能电池可以将太阳能转化成电能来获得清洁能源，太阳能电池可以被看作一个PN结，当光照在太阳能电池上时会产生电荷-空穴对，在PN结内建电场的作用下电子和空穴会分离开，这样当外部电路接通后就会产生电流。

4. 计算机：计算机强大的威力众所周知，它的核心部件是晶体管，而晶体管自身要用到大量半导体材料。对半导体材料性质的研究必须要用到量子力学，不然我们无法区分绝缘体、导体和半导体。

以上所列只是量子力学应用中的冰山一角，有兴趣的读者可以查阅更多资料。

致谢

本书要感谢中科院物理所"问答"栏目背后的问答团队，该团队主要由物理所的研究生组成，包括程嵩、李治林、张圣杰、薛健、姜畅、吴定松、葛自勇、陈晓冰、樊秦凯、陈龙、纪宇、刘新豹、王恩、王文轲、李裕、胡史奇、王梦凡、徐越山、徐成谦等。感谢诸位的贡献！

除了所内的研究生，"问答"专栏还有幸得到来自所外的问答志愿者的参与，他们有中科院国家天文台的何川、郭潇，中科院理论物理所的安宇森，清华大学物理系的袁子等。感谢你们的支持！

最后，我们在这里同样向广大的提问者致以诚挚的谢意！爱因斯坦曾经说过："提出一个问题往往比解决问题更重要。因为解决问题也许仅是一个数学上或实验上的技能而已，而提出新的问题，却需要创造性的想象力，而且标志着科学的真正进步。"事实上很多读者提出的问题正是曾经推动我们科学进步的重要问题，也正是大家的提问给了我们这本书最强大的原动力，感谢你们！同时我们期待更多的读者提出更多的问题，也期待更多的小伙伴加入我们的问答团队。

索引

|电学篇|

|热学篇|

| 自然现象篇 |

|脑洞篇|

|宇宙篇|

|学习篇|